Uni-Taschenbücher 841

T0234478

UTB

Eine Arbeitsgemeinschaft der Verlage

Birkhäuser Verlag Basel und Stuttgart
Wilhelm Fink Verlag München
Gustav Fischer Verlag Stuttgart
Francke Verlag München
Paul Haupt Verlag Bern und Stuttgart
Dr. Alfred Hüthig Verlag Heidelberg
Leske Verlag + Budrich GmbH Opladen
J. C. B. Mohr (Paul Siebeck) Tübingen
C. F. Müller Juristischer Verlag – R. v. Decker's Verlag Heidelberg
Quelle & Meyer Heidelberg
Ernst Reinhardt Verlag München und Basel
F. K. Schattauer Verlag Stuttgart-New York
Ferdinand Schöningh Verlag Paderborn
Dr. Dietrich Steinkopff Verlag Darmstadt
Eugen Ulmer Verlag Stuttgart
Vandenhoeck & Ruprecht in Göttingen und Zürich
Verlag Dokumentation München

Erich Fischbach

Störungen des Nucleinsäuren- und Eiweiß-Stoffwechsels

Ein Grundriß für Studierende, Ärzte und Biologen
mit Studienfragen für Prüfung und Fortbildung

Mit 41 Abbildungen und 4 Tabellen

Springer-Verlag Berlin Heidelberg GmbH

Dr. med. habil., Dr. phil. (chem.) *Erich Fischbach* ist in Konstanz am Boden-
see geboren, wo er auch seine Jugendzeit und die Schuljahre verbrachte. Er
studierte Medizin und Chemie in Freiburg, Berlin, Bonn und München. Nach
Promovierung in beiden Disziplinen arbeitete er als wissenschaftlicher Assi-
stent am Physiologischen Institut in München und am Pharmakologischen
Institut in Heidelberg. Seine Hauptarbeitsgebiete betrafen den Muskelstoffwechsel und die biologische Oxidation. 1941 erfolgte die Habilitation in
Pharmakologie. Als Arzt leistete er Kriegsdienst zuerst in einem Feldlazarett
in Rußland und später in einem Tropenlazarett. Nach dem Krieg ließ er sich
als Internist in München nieder und war außerdem als Lehrkraft für Physiologie an den Staatlichen Instituten für Medizinisch-technische Assistentinnen,
Arzthelferinnen und Krankengymnastinnen tätig.

ISBN 978-3-7985-0508-7   ISBN 978-3-642-95965-3 (eBook)
DOI 10.1007/978-3-642-95965-3

CIP-Kurztitelaufnahme der Deutschen Bibliothek
Fischbach, Erich:
Störungen des Nucleinsäuren- und Eiweiß-Stoffwechsels: e. Grundriß für
Studierende, Ärzte u. Biologen mit Studienfragen für Prüfung u. Fortbil-
dung / Erich Fischbach. – Darmstadt: Steinkopff, 1979.
(Uni-Taschenbücher ; 841)

Einbandgestaltung: Alfred Krugmann, Stuttgart
Satz und Druck: Anthes, Darmstadt-Arheilgen
Gebunden bei der Großbuchbinderei Sigloch, Stuttgart

Vorwort

Im vorliegenden Band werden die biochemischen Zusammenhänge der *Störungen des Nucleinsäuren-, Aminosäuren- und Eiweiß-Stoffwechsels* besprochen. Auch diese Darstellung soll wie das bereits erschienene Thema mit dem Titel „Störungen des Kohlenhydrat-Stoffwechsels" (UTB 616) den Medizinstudenten, Arzt und Biologen in die Probleme krankhafter Stoffwechselvorgänge einführen.

Es ist keine leichte Aufgabe, aus dem umfangreichen und sich ständig vermehrenden Stoff eine zweckmäßige Auswahl zu treffen, aber ich hoffe, daß mir dies im Sinne einer Einführung in die dargestellten Gebiete einigermaßen gelungen ist. In jedem Abschnitt wird auf Grund des normalen Stoffwechselgeschehens zu den krankhaften Vorgängen mit ihren charakteristischen Merkmalen übergeleitet.

Die Übersichtlichkeit des Stoffes wurde durch besondere Gliederung und entsprechenden Druck, ferner durch tabellarische Zusammenfassungen und instruktive Abbildungen erhöht. Am Schluß des Textteiles findet sich eine Fragensammlung über das besprochene Gebiet, die zur Überprüfung der gewonnenen Kenntnisse und auch für die Lernarbeit geeignet ist. Die Fragen sind den Lernzielen des Gegenstandskataloges für die Ärztliche Prüfung den einzelnen Disziplinen für physiologische Chemie, pathologische Physiologie und Innere Medizin angepaßt. Auch für Angehörige medizinischer Assistenzberufe ist diese Darstellung von Interesse, weil aus den krankhaften Ergebnissen auf die Art der Stoffwechselstörungen geschlossen werden kann.

Starnberg/München, Januar 1979   *Erich Fischbach*

Inhaltsverzeichnis

1.	Störungen des Nucleinsäuren-Stoffwechsels	1
1.1.	Chemie und Biochemie der Nucleinsäuren	1
1.1.1.	Nucleoside und Nucleotide	1
1.1.2.	Basen der Nucleinsäuren	3
1.1.3.	Pentosen der Nucleinsäuren	4
1.1.4.	Struktur der Nucleinsäuren	6
1.2.	Einteilung der Nucleinsäuren	8
1.3.	Funktionen der einzelnen Nucleinsäuren	8
1.3.1.	Desoxyribo-Nucleinsäuren (DNA)	8
1.3.2.	Messenger-Ribonucleinsäure (m-RNA; Boten-RNA; Matrizen RNA)	11
1.3.3.	Transfer-Ribonucleinsäure (t-RNA)	12
1.3.4.	Ribosomale Ribonucleinsäure (r-RNA)	14
1.4.	Protein-Biosynthese	14
1.5.	Spezielle Störungen des Nucleinsäuren-Stoffwechsels	15
1.5.1.	Fehler in der Weitergabe der genetischen Information	15
1.5.2.	Mutationen	15
1.5.3.	Molekularkrankheiten	16
1.5.4.	Viren	16
1.6.	Abbau der Nucleinsäuren	18
1.7.	Störungen des Purin- und Harnsäure-Stoffwechsels	20
1.7.1.	Harnsäure-Pool und Hyperurikämien	21
1.7.2.	Primäre Gicht (Harnsäuregicht; Arthritis urica)	23
1.7.3.	Grundstörung der primären Gicht	25
1.7.4.	Gichtanfälle und Gichtarthritis	26
1.7.5.	Zur Therapie der Hyperurikämie und der Gicht	29
1.7.6.	Sekundäre (symptomatische) Hyperurikämie und sekundäre Gicht	33
1.7.7.	Kongenitale Hyperurikämie (Lesh-Nyhan-Syndrom)	34
1.7.8.	Hypourikämien (Serumharnsäureerniedrigungen)	36
1.7.9.	Xanthinurie	36
1.8.	Störung des Pyrimidin-Stoffwechsels	37
2.	Störungen des Aminosäuren-Stoffwechsels	37
2.1.	Allgemeines über Hyperaminoacidurien	38

2.1.1. Sekundäre Hyperaminoacidurien 39
2.1.2. Primäre Hyperaminoacidurien 39
2.2. Spezielle Störungen des Aminosäuren-
Stoffwechsels 40
2.2.1. Phenylketonurie (Föllingsche Krankheit; Phenylbrenztraubensäure-Schwachsinn) 41
2.2.2. Alkaptonurie (Homogentisinsäureurie) 44
2.2.3. Tyrosinose 47
2.2.4. Albinismus 48
2.2.5. Cystinurie und Cystinose 52
2.2.6. Hartnup-Krankheit 54
2.2.7. Ahorn-Sirup-Krankheit (Leucinose) 54
2.2.8. Störungen im Ornithinzyklus (Harnstoffzyklus) . . . 55

3. Störungen des Kreatin-Stoffwechsels 60

3.1. Kreatin-Stoffwechsel 60

3.2. Störungen des Kreatin-Stoffwechsels 61

4. Störungen des Eiweiß-Stoffwechsels 63

4.1. Einführung 63

4.2. Dysproteinosen und Paraproteinosen 65

4.3. Spezielle klinische Störungen des Eiweiß-
Stoffwechsels 66
4.3.1. Jones-Proteine (Bence-Jones-Proteine) 66
4.3.2. Amyloid und Amyloidose 67
4.3.3. Dysproteinämien und Paraproteinämien 69
4.3.3.1. Plasmocytom (Medulläres Plasmocytom; multiples
Myelom; *Kahler*-Krankheit) 70
4.3.3.2. Makroglobulinämie (*Waldenström*-Krankheit) 71
4.3.3.3. *Franklin*-Krankheit (H-Ketten-Protein-Erkrankung;
Heavy-chains-Disease) 72
4.3.3.4. Kryoglobulinämie 72
4.3.3.5. Agammaglobulinämie 73
4.3.3.6. Analbuminämie 73
4.3.3.7. Atransferrinämie 73

5. Fragensammlung 74

Literatur 77

Sachverzeichnis 78

1. Störungen des Nucleinsäuren-Stoffwechsels

1.1. Chemie und Biochemie der Nucleinsäuren

Nucleinsäuren sind makromolekulare *Polynucleotide*, die sich aus zahlreichen Mononucleotiden aufbauen. Die Verknüpfung der einzelnen Nucleotide erfolgt durch Phosphorsäure-Doppelesterbindung (Di-esterbindung). Die *drei verschiedenen Bausteine* eines Mononucleotids sind:

1. Stickstoffhaltige Ringsysteme: *Purin-* oder *Pyrimidinbasen.*
2. Die Pentose *D-Ribose* oder ihr Reduktionsprodukt *Desoxy-Ribose.* Da die Reduktion am 2-C-Atom erfolgt, heißt sie genauer 2-Desoxyribose.
3. Anorganischer *Phosphorsäurerest.*

Die mit einem oder mehreren Eiweißmolekülen (Proteinmolekülen) verbundenen Nucleinsäuren heißen Nucleoproteide; es sind Nucleinsäuren-Protein-Verbindungen. Die Nucleinsäuren bzw. Nucleoproteide kommen vor allem im Kernmaterial der Zelle vor, daher die von Nucleus (= Kern) abgeleitete Bezeichnung. Es hat sich herausgestellt, daß die Nucleinsäuren nicht nur in Zellkernen, sondern auch in anderen Zellbestandteilen lokalisiert sind (Cytoplasma, Ribosomen, Mitochondrien).

1.1.1. Nucleoside und Nucleotide

Die nur aus *einer* Purin- oder Pyrimidinbase und *einer* Pentose bestehende Verbindung heißt *Nucleosid.* Wenn noch eine Phosphorsäure in esterartiger Bindung an die Pentose hinzukommt, dann entsteht ein *Nucleotid,* in diesem Fall ein *Mononucleotid* (= Monoester der Phosphorsäure).

Da die Phosphorsäure mehrbasisch ist, kann sich eine weitere OH-Gruppe mit einem Nucleotid esterartig verknüpfen. Auf diese Weise entsteht ein *Dinucleotid.* Schließlich kann an der endständigen Phosphorsäure ein drittes Nucleotidmolekül verestert werden, so daß ein *Trinucleotid* entsteht (s. Abb. 1). Durch weitere Veresterungen mit Nucleotiden bilden sich Tetra-, Penta- und Polynucleotide und schließlich hochmolekulare Nucleinsäuren.

2

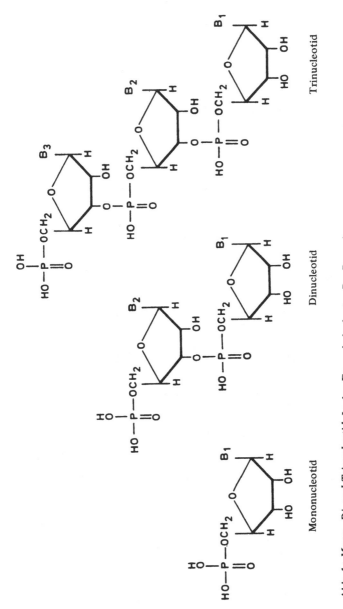

Abb. 1: *Mono-, Di- und Trinucleotid.* In den Formeln bedeuten B$_1$, B$_2$ und B$_3$ Purin- bzw. Pyrimidinbasen (modifiziert nach *H. Kössel*)

Basen der Nucleinsäuren

Die stickstoffhaltigen Basen der Nucleinsäuren sind Abkömmlinge des *Purins* oder des *Pyrimidins*. Die Biosynthese dieser Basen verläuft nicht über stickstoffhaltige Ringsysteme, sondern sie erfolgt auf ganz andere Weise: Das *Puringerüst* wird vom Ribosephosphat aus gebildet, an das schrittweise Molekülgruppen angelagert werden bis durch Substitution das Mononucleotid *Inosin-5-phosphat* entsteht, aus dem Adenosin- bzw. Guanosin-5-phosphat gebildet werden. Der *Pyrimidinring* entsteht durch eine Ringschlußreaktion zwischen dem energiereichen Carbamylphosphat — das auch für die Harnstoffbiosynthese benötigt wird — und der Asparaginsäure. Über die *Orotsäure* (s. Abb. 3) kommt es zur Bildung des Pyrimidin-Nucleotids. Die Orotsäure ist die wichtigste Muttersubstanz der Pyrimidinnucleotide.

Folgende Purin- und Pyrimidinbasen sind vorwiegend am Aufbau der Nucleinsäuren beteiligt:

Purinbasen:	*Adenin (A)*
	Guanin (G)
Pyrimidinbasen:	*Uracil (U)*
	Thymin (T)
	Cytosin (C)

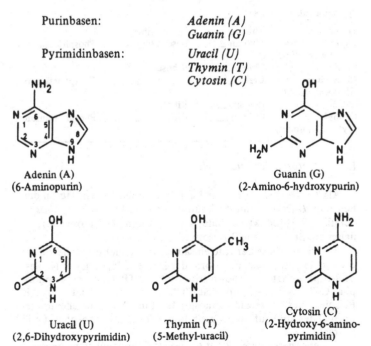

Adenin (A)
(6-Aminopurin)

Guanin (G)
(2-Amino-6-hydroxypurin)

Uracil (U)
(2,6-Dihydroxypyrimidin)

Thymin (T)
(5-Methyl-uracil)

Cytosin (C)
(2-Hydroxy-6-amino-pyrimidin)

Abb. 2: Purin- und Pyrimidinbasen der Nucleinsäuren

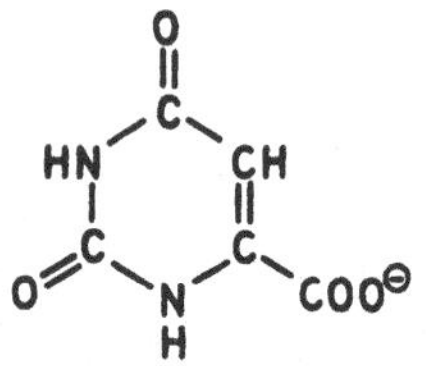

Abb. 3: *Orotsäure*, die wichtigste Muttersubstanz der Pyrimidinnucleotide

Tab. 1: Zusammenstellung bekannter Nucleoside und Nucleotide

Purinabkömmlinge:	Bestandteile:		
Adenosin:	Adenin _____ Ribose		
Adenylsäure:	Adenin _____ Ribose _____	Phosphorsäurerest	
(Adenosinphosphat)			
Guanosin:	Guanin _____ Ribose		
Guanylsäure:	Guanin _____ Ribose _____	Phosphorsäurerest	
Pyrimidinabkömmlinge:			
Thymidin:	Thymin _____ Desoxyribose		
Thymidylsäure:	Thymin _____ Desoxyribose _____	Phosphorsäurerest	
(Thymindinphosphat)			
Uridin:	Uracil _____ Ribose		
Uridylsäure:	Uracil _____ Ribose _____	Phosphorsäurerest	
(Uridinphosphat)			
Cytidin:	Cytosin _____ Ribose		
Cytidylsäure:	Cytosin _____ Ribose _____	Phosphorsäurerest	
(Cytidinphosphat)			

1.1.3. Pentosen der Nucleinsäuren

Als Zuckerbestandteile sind am Aufbau der Nucleinsäuren die Pentosen *D-Ribose* und ihr Reduktionsprodukt *D-Desoxyribose* beteiligt. Die Reduktion findet am 2-C-Atom der Ribose statt, daher die Bezeichnung 2-Desoxyribose (Abb. 4).

Zur Biosynthese der Nucleinsäuren verwendet die Zelle die Pentosen in der energiereichen Form der Nucleotide, d. h. der Nucleosid-triphosphate: Adenosin-triphosphat ATP, Guanosin-triphosphat GTP, Cytidin-triphosphat CTP, Uridin-triphosphat UTP. Als Beispiel eines Nucleosid-triphosphats ist in Abb. 5 die chemische Formel des am häufigsten genannten Adenosin-triphosphats (ATP) gebracht.

Das energiereiche ATP hat ein hohes Gruppenübertragungspotential. Nach Abspaltung der endständigen Phosphatgruppe ent-

4

steht unter Energielieferung Adenosin-diphosphat (ADP). Es kann noch ein weiterer Phosphatrest unter Freisetzung von Energie abgespalten werden, so daß Adenosin-monophosphat (AMP) entsteht. ADP und AMP werden im Stoffwechsel wieder zu ATP regeneriert. ATP spielt als Energielieferant besonders im Muskelstoffwechsel und als Aktionssubstanz bei der Muskelkontraktion eine große Rolle. Als Phosphatlieferant ist ATP bei Phosphorylierungsvorgängen im Stoffwechsel erforderlich.

Basenpaarung. Die Nucleinsäuren bauen sich derart zu zwei Mononucleotidsträngen auf, daß Ribose- und Phosphorsäureanteile außen, die Basenanteile, durch die die gegenseitige Bindung zustande kommt, innen liegen (s. Abb. 6). Es stehen immer eine Purin- und eine Pyrimidinbase gegenüber.

D-Ribose

D-2-Desoxyribose

Abb. 4: Pentosen der Nucleinsäuren (D-Ribose und D-2-Desoxyribose)

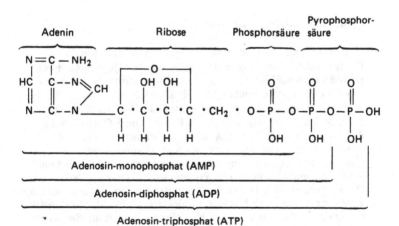

Abb. 5: Adenosin-mono-, -di- und -triphosphat

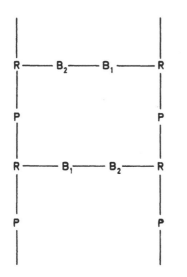

R = Ribose bzw. 2-Desoxyribose
B_1 = Purinbase
B_2 = Pyrimidinbase
P = Phosphorsäurerest

Abb. 6: Basenpaarung bei Nucleinsäuren

1.1.4. Struktur der Nucleinsäuren

Zur Bildung von Nucleinsäuren verknüpfen sich mittels der Phosphorsäure esterartig zahlreiche Nucleotide; jeweils ein Phosphorsäuremolekül ist mit zwei Nucleotiden verbunden (Doppelester – oder Di-esterbindung der Phosphorsäure). Das eine Nucleotid ist über die OH-Gruppe der Pentose am 3-C-Atom, das andere Nucleotid über die OH-Gruppe der Pentose am 5-C-Atom mit der Phosphorsäure verestert (s. Abb. 7). Die Phosphorsäure ist das Bindeglied zwischen den einzelnen Nucleotidmolekülen. Durch diese Art von Verknüpfung kommt eine *Kettenstruktur* zustande, die für die makromolekularen Polynucleotide charakteristisch ist. Die Kettenmoleküle bestehen je nach der Art der Nucleinsäuren aus 70 bis mehreren 1000 Nucleotidmolekülen. Neben der Kettenstruktur spielt bei der Funktion der Nucleinsäuren auch die *Raumstruktur* eine entscheidende Rolle, auf die weiter unten näher eingegangen wird.

6

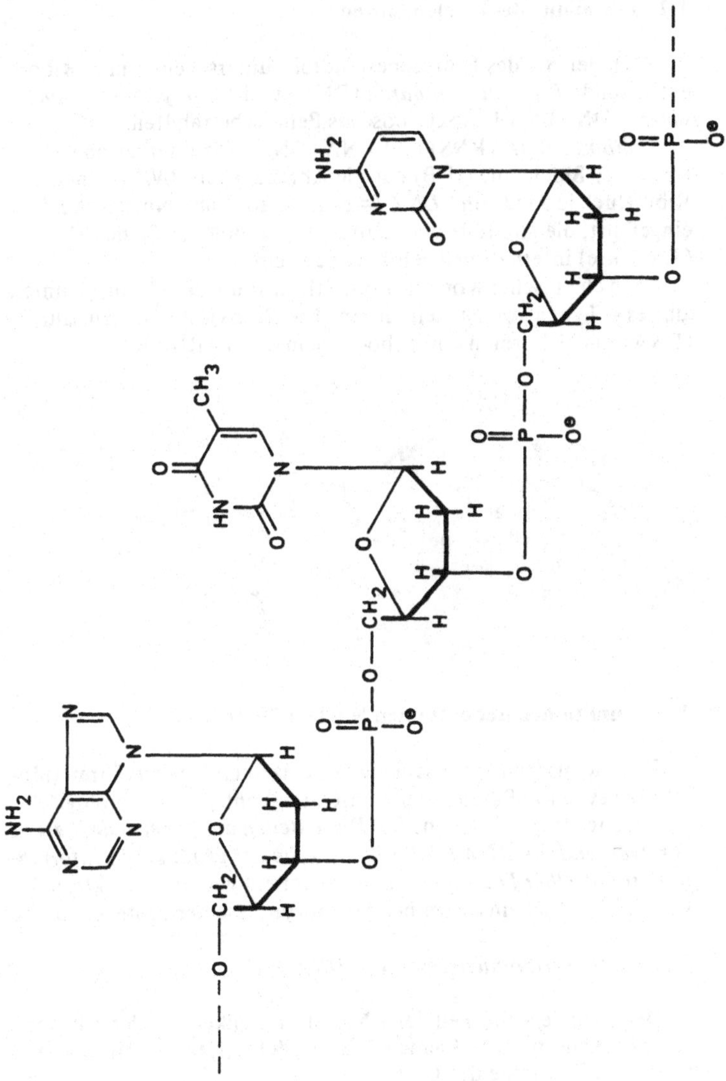

Abb. 7: Kettenstruktur der Desoxyribo-nucleinsäure (DRA)
(Formelausschnitt modifiziert nach *Karlson*)

1.2. Einteilung der Nucleinsäuren

Nach der Art des Pentosebestandteils unterscheidet man Ribose enthaltende *Ribo-nucleinsäuren* (RNA) und *Desoxyribo-nucleinsäuren* (DNA) mit Desoxyribose als Pentosebestandteil.

Symbole: RNA (RNS) und DNA (DNS). Die internationale Union für Biochemie (IUB) hat die Abkürzungen *RNA* (= engl. Ribo-Nucleic-Acid) und *DNA* (= engl. Desoxyribo-Nucleic-Acid) eingeführt, die an Stelle der deutschen Symbole *RNS* und *DNS* (S = Säure) international gebräuchlich sind.

Nach chemischer Konstitution, Struktur und Funktion (s. unten) gibt es 4 Typen von Nucleinsäuren: Die Desoxyribo-nucleinsäure (DNA) und 3 Formen von Ribo-nucleinsäuren (RNA)

4-Typen von Nucleinsäuren

1. *Desoxyribo-nucleinsäure* (DNA)
2. *Messenger-ribonucleinsäure*
   (Messenger-RNA; m-RNA) bzw. Boten-RNA oder
   Matrizen-ribo-nucleinsäure
3. *Transfer-ribonucleinsäure* (t-RNA)
4. *Ribosomale Ribonucleinsäure* (r-RNA)

1.3. Funktionen der einzelnen Nucleinsäuren

Die chemischen Unterschiede der einzelnen Nucleinsäuren (Molekulargewichte, Basenzusammensetzung) entsprechen biologisch verschiedenen Funktionen. *Die DNA stellen das genetische Material dar, während die RNA an der Weitergabe der genetischen Information unmittelbar beteiligt sind.* Eine weitere wichtige Funktion kommt den Nucleinsäuren bei der Biosynthese der Proteine zu.

1.3.1. Desoxyribo-nucleinsäuren (DNA)

Der überwiegende Teil der DNA ist im Zellkern an den Chromosomen lokalisiert, eine kleine Menge findet sich in den Mitochondrien. Die Bausteine der DNA sind:

2-Desoxyribose als Pentose,
Purin- bzw. Pyrimidinbasen: Adenin (A), Guanin (G),
Cytosin (C), und Thymin (T),
anorganischer Phosphorsäurerest.

Kettenstruktur (Primärstruktur). Die DNA sind Polynucleotide, bei denen die Desoxyribose-Reste durch Veresterungen am 3- und 5-C-Atom der Pentosen mit Phosphorsäure (Phosphorsäure-di-ester) und die Basen mit dem 1-C-Atom der Desoxyribose verknüpft sind. Hieraus ergibt sich die Kettenstruktur oder Primärstruktur der Nucleinsäuren (s. Abb. 7).

Raumstruktur (Sekundärstruktur). Nach *Watson* und *Crick* (1953) ist die aus 2 langen Ketten von Mononucleotidsträngen bestehende Nucleinsäure um eine Achse gewunden und bildet eine Doppelspirale (Doppelhelix). Mit anderen Worten: Die Ketten verdrillen sich zu einem langgestreckten, elastischen Hohlzylinder (Helix), so daß das Modell einer Wendeltreppe gleicht (s. Abb. 8). Die Basen sind in das Innere des Hohlzylinders gelagert, wobei zwei gegenüberliegende Basen über Wasserstoffbrücken miteinander verbunden sind (s. Formelbild in Abb. 8).

> *Zwei grundlegende Funktionen der Desoxyribo-nucleinsäure (DNA):*
>
> 1. *Träger der genetischen Information*
> 2. *Fähigkeit der identischen Verdopplung* (Reduplikation; Replikation)

Identische Reduplikation

Durch den Prozeß der *identischen Verdopplung der DNA-Doppelspirale* ist die Weitergabe der genetischen Information von Generation zu Generation und innerhalb des Individuums von Zelle zu Zelle gewährleistet. Es handelt sich um folgende Vorgänge: Bei der Zellteilung somatischer Zellen wird das genetische Material vollständig und unverändert an die Tochterzellen weitergegeben. Dies ist nur möglich, wenn eine identische Verdopplung der DNA-Ketten erfolgt. Zu diesem Zweck werden die beiden Stränge der Doppelspirale voneinander getrennt (Entspiralisierung). Man kann sich dies wie beim Öffnen eines Reißverschlusses vorstellen. Zu jedem Elternstrang werden unter katalytischer Wirkung des Enzyms *DNA-Polymerase* Tochtergegenstränge synthetisiert, die die gleiche Basensequenz, d. h. den gleichen Informationsgehalt wie die Elternstränge haben. Da jede Tochter-Doppelspirale einen Elternstrang enthält (s. Abb. 9), bezeichnet man diese Art der Verdopplung als *semikonservative Reduplikation* der DNA.

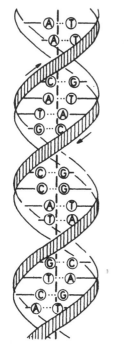

Abb. 8: *Raumstruktur (Sekundärstruktur)*
der Desoxyribonucleinsäure
(DNA) als Doppelspirale (Doppelhelix)

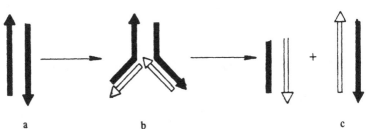

a   DNA-Eltern-Doppel-   b   Auftrennung der   c   2 DNA-Tochter-
     spirale (Doppel-   Spiralen (Entspirali-   Doppelspiralen (Dop-
     helix)   sierung) und Anlage-   pelhelices)
                            rung neusynthetisier-
                            ter Tochterstränge

Abb. 9: Schema der Verdopplung (Reduplikation) einer *Desoxyribo-nuclein-*
säure (nach *E. Buddecke)*

Weitergabe der genetischen Information

Die genetische Informationsweitergabe erfolgt in zwei
Schritten:

1. durch *Transkription* bzw. Umschreibung
   (Synthese der Messenger-RNA)
2. durch *Translation*, d. h. durch Übersetzung des Nucleinsäurencodes in die Proteinstruktur

Die genetische Information der DNA muß auf Ribonucleinsäuren (RNA) übertragen werden, weil die DNA nicht durch die Kern-
membran diffundiert. Die Informationsübertragung vollzieht sich
durch die Biosynthese von Ribonucleinsäuren (RNA), die anstelle
der Base *Thymin* das *Uracil* und an Stelle der *Desoxyribose* eine
Ribose besitzen. Es werden insgesamt drei verschiedene RNA-Typen synthetisiert, denen auch verschiedene Funktionen zukommen.

Drei RNA-Typen

Messenger-RNA (Matrizen-RNA; m-RNA)
Transfer-RNA (t-RNA)
Ribosomale Ribonucleinsäure (r-RNA)

1.3.2. Messenger-Ribonucleinsäure
(m-RNA; Boten-RNA; Matrizen-RNA)

Die im Zellkern an der DNA lokalisierte Information muß an
den Ort der Synthesevorgänge (z. B. bei der Proteinbiosynthese) im
Cytoplasma gebracht werden. Da die DNA nicht durch die Kern-
membran diffundiert, wird eine genetisch inhaltsgleiche DNA-Ko-
pie synthetisiert, die in das Cytoplasma der Zelle gelangt und dort
an *Ribosomen* gebunden wird. Dieser „Funktionsüberträger" heißt
Messenger-Ribonucleinsäure (m-RNA) oder *Boten-Ribonuclein-
säure* (Boten-RNA), weil sie als Bote die Information vom Kern in
das Cytoplasma dem Ort der Proteinbiosynthese weiterleitet. Da
diese RNA die „Negativkopie" enthält, heißt sie auch *Matrizen-
RNA*. Wir haben zwei räumlich voneinander getrennte Teilpro-
zesse: Die Synthese der informationstragenden m-RNA im Zellkern und die im Cytoplasma zur Informationsübertragung ablauf-
ende Anlagerung der m-RNA an Transfer-RNA in den Ribosomen.
Der Vorgang der Synthese der Messenger-RNA mit Umschreibung der Information von der DNA auf die m-RNA heißt *Transkription* und das für die Umschreibung notwendige Enzym wird als

Transkriptase bzw. RNA-Polymerase bezeichnet. Die m-RNA ist nur einsträngig, d. h. es wird nur einer der beiden Stränge der DNA kopiert. Wie bei allen RNA-Typen steht auch bei der m-RNA anstelle des *Thymins* der DNA das *Uracil* und anstelle der *Desoxyribose* die *Ribose*. Die m-RNA, die Molekulargewichte von mehreren hunderttausend haben, lagern sich an mehreren Ribosomen zum *Polysom* zusammen.

Ribosomen sind winzige Zellpartikel, die im Elektronenmikroskop als rundliche Gebilde mit einer Einkerbung erscheinen. Sie befinden sich entweder im Cytoplasma oder sie sind an Kernmembranen fest gebunden. Von ihrem chemischen Aufbau ist bekannt, daß sie zu etwa gleichen Teilen aus Protein und ribosomaler RNA bestehen (daher auch der Name Ribosomen). Häufig lagern sich unter der Wirkung von Messenger-RNA (m-RNA) mehrere Ribosomen zu größeren Einheiten zusammen, die *Polysomen* genannt werden. In dieser Form sind sie zur Biosynthese der Proteine spezialisiert.

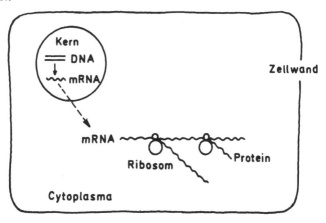

Abb. 10: Schema der Funktion einer Messenger-RNA (m-RNA)
        (nach *Hobom* modifiziert)

1.3.3. Transfer-Ribonucleinsäure (t-RNA)

Die Transfer-Ribonucleinsäure (t-RNA) ist wie die m-RNA eine einsträngige Nucleinsäure, besitzt aber ein sehr niedriges Mol. Gewicht (25 000—30 000), das nur 70—100 Nucleotidresten entspricht. Innerhalb der Kette stehen komplementäre Basen mit Wasserstoffbrücken gegenüber, so daß sich als Sekundärstruktur eine

„Kleeblattfigur" ergibt. Für jede Aminosäure gibt es mehrere t-Ribonucleinsäuren, die sich in ihrer Basensequenz unterscheiden. *Funktion der t-RNA.* Sie bringt aktivierte Aminosäuren an den Ort der Proteinbiosynthese, zu den Ribosomen. Der Reaktionsablauf ist folgender: Im Cytoplasma der Zelle reagiert die freie Aminosäure mit Adenosin-triphosphat (ATP) unter Abspaltung von Pyrophosphat zu einer Aminoacyl-AMP-Verbindung (AMP = Adenosin-monophosphat). Hierbei wird die Carboxylgruppe der Aminosäure mit der Phosphatgruppe des AMP verbunden. Das entstehende energiereiche Zwischenprodukt ist „aktivierte Aminosäure", die mit Hilfe einer spezifischen Synthetase unter Abspaltung von AMP direkt auf die t-RNA übertragen wird. Es entsteht die Transportform für die aktivierte Aminosäure, d. h. Aminoacyl-transfer-RNA (Aminoacyl-t-RNA), die vom Cytoplasma zum Ribosom gelangt, wo sich die Aminosäuren in einer genau festgelegten Reihenfolge anordnen. Hier erfolgt schließlich die Verknüpfung der Peptidbindungen.

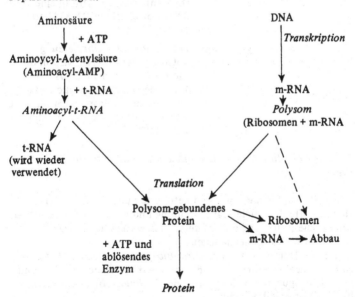

ATP = Adenosintriphosphat; AMP = Adenosinmonophosphat = Adenylsäure; t-RNA = Transfer-Ribonucleinsäure; m-RNA = Messenger-Ribonucleinsäure; DNA = Desoxyribonucleinsäure

Abb. 11: Schema der Protein-Biosynthese (modifiziert nach E. Buddecke)

1.3.4. Ribosomale Ribonucleinsäure (r-RNA)

Die genaue Wirkungsweise der r-RNA ist noch nicht bekannt; sie spielt jedoch bei der Proteinbiosynthese eine wichtige Rolle. Das Mol. Gewicht beträgt von 500 000 bis 1 Million. Die Ribosomen bestehen vorwiegend aus ribosomalen Nucleinsäuren und Proteinen. In der Ultrazentrifuge haben die r-RNA eine Sedimentierungskonstante (S) von 70. Unter bestimmten Bedingungen lassen sich 2 Untereinheiten von 50 S und 30 S gewinnen. Der Anteil mit 30 S enthält etwa 10, der mit 50 S etwa 20 Polypeptidketten.

1.4. Protein-Biosynthese

Die Proteinbiosynthese erfolgt in zwei Phasen:

1. Phase im Zellkern: *Transkription oder Umschreibung.* DNA-Information wird in eine RNA-Botschaft (m-RNA) übertragen.

2. Phase im Cytoplasma: *Translation oder Übersetzung.* Botschaft der m-RNA wird in die Aminosäurensprache übersetzt, d. h. Übersetzung des Nucleinsäurencodes in die Proteinstruktur. Die einzelnen Vorgänge sind in Abb. 11 dargestellt.

Hemmstoffe (Inhibitoren) der Nucleinsäuren- und Protein-Biosynthese

Es gibt zahlreiche, chemisch definierte Substanzen, die als Hemmstoffe der Nucleinsäurenbildung und der Proteinbiosynthese gelten. Die Einteilung dieser Inhibitoren erfolgt nach Angriffsort oder dem Wirkungsmechanismus:
Zu den Hemmstoffen der *Purin-Biosynthese* gehören *Azaserin* (o-Diazo-acetyl-serin), ferner 6-Diazo-5-oxo-norleucin (DON) und 6-Mercaptopurin. Als Hemmstoff der *Pyrimidin-Biosynthese* ist das 5-Fluor-uracil bekannt.
Hemmstoffe der DNA- und RNA-Biosynthese. Die Wirkung einiger *Antibiotika* beruht auf einer selektiven Hemmung der Nucleinsäuren-Biosynthese. Der Hemmung liegt wahrscheinlich eine direkte Inaktivierung zugrunde (Reaktion mit DNA) oder es ist ein an der Synthese beteiligtes Enzym blockiert.

1.5. Spezielle Störungen des Nucleinsäuren-Stoffwechsels

1.5.1. Fehler in der Weitergabe der genetischen Information

Es gibt spezielle Störungen, die auf Fehler in der Reduplikation der DNA-Stränge (s. vorher) zurückzuführen sind. Bei dieser Art von Störungen erfolgt die Verdopplung der Stränge *nicht* identisch, so daß die genetische Information falsch übertragen wird. Wenn bei der Protein-Biosynthese nur *eine* Base falsch ausgetauscht wird, dann entsteht ein anomales Protein. Handelt es sich um ein Enzymprotein, so können Störungen im gesamten intermediären Stoffwechsel auftreten.

1.5.2. Mutationen

Die erblichen Änderungen der die genetische Information tragenden Desoxyribo-Nucleinsäuren-Stränge (DNA-Stränge) werden als *Mutationen* bezeichnet. Viele Störungen des Eiweiß-, Aminosäuren-, Kohlenhydrat-, Lipid-, Porphyrin-, Purin- und Pyrimidin-Stoffwechsels sind als erbliche Enzymdefekte erkannt worden. Mutationen können spontan auftreten oder durch energiereiche Strahlen ausgelöst werden: Röntgenstrahlen, γ-Strahlen radioaktiver Substanzen (z. B. nach Atombombenexplosionen) und UV-Strahlen.

Mutagene Stoffe sind Substanzen, die eine Mutation auslösen. Zu ihnen gehören: Salpetrige Säure, Dimethylsulfat, Hydroxylamin, Stickstofflost, Epoxyde, Äthylenimine u. a. In den meisten Fällen konnte man nachweisen, daß die mutagene Wirkung auf eine direkte chemische Beeinflussung der DNA zurückzuführen ist. Besonders klar sind die chemischen Reaktionen, die sich während des Mutationsvorganges mit salpetriger Säure abspielen: Die NH_2-substituierten Basen werden desaminiert, z. B. die Nucleinsäurenbase *Cytosin* wird in *Uracil* übergeführt (Formeln S. 3). Dies bedeutet, daß bei der anschließenden Verdopplung das zu Uracil veränderte Cytosin überwiegend mit *Adenin* korrespondiert und beim nächstfolgenden Schritt das Adenin mit *Thymin* eine Basenpaarung eingeht, so daß schließlich das Basenpaar *Guanin-Cytosin* gegen *Adenin-Thymin* ausgetauscht wird. Der Austausch einer einzigen Base hat zur Folge, daß auch im synthetisierten Protein eine Aminosäure durch eine andere ersetzt wird.

1.5.3. Molekularkrankheiten

Zahlreiche Krankheiten des Menschen sind als genetisch bedingte und vererbbare Proteinanomalien erkannt worden. Da die Ursache in der geänderten Struktur der Nucleinsäurenmoleküle liegt, werden sie als Molekularkrankheiten zusammengefaßt. Die am besten studierte Erkrankung dieser Art ist die Bildung des anomalen Sichelzellenhämoglobins. Infolge einer Genmutation wird im Eiweißanteil des Hämoglobins *eine* Aminosäure ausgetauscht, nämlich *Glutamin* der B-Kette **gegen** *Valin*. Das Hämoglobin mit dem fehlerhaften Protein heißt *Sichelzellenhämoglobin* (Hb$_S$). Dieses hat andere Eigenschaften als das normale Hämoglobin. Die Erythrocyten mit dem Hb$_S$ nehmen eine Sichelform an, sie sind minderwertig und werden vorzeitig abgebaut, so daß es zur *Sichelzellenanämie* kommt.

1.5.4. Viren

Viren nehmen eine Mittelstellung zwischen belebter und unbelebter Materie ein. Wie unbelebte Stoffe lassen sie sich in kristalliner Form darstellen, andererseits haben sie in Wirtszellen die Eigenschaften lebender Materie wie Vermehrung, Stoffwechsel, Regulationsvorgänge und Mutationen. Trotzdem wird die Frage, ob Viren Lebewesen sind eher verneint, da sie für sich allein ohne Wirtszellen nicht die charakteristischen Lebensmerkmale zeigen. Viren sind Krankheitserreger tierischer und pflanzlicher Organismen. Beim Menschen verursachen sie zahlreiche Infektionskrankheiten wie spinale Kinderlähmung (Poliomyelitis anterior), Pocken, Herpes, Myokarditis, Virusgrippe, fieberhafte Infekte, Mumps, Virusenteritiden, Hepatitis, Encephalitis u. a. Das bekannteste Pflanzenvirus ist das *Tabakmosaikvirus*, das an Tabakpflanzen die Bildung charakteristischer, mosaikartiger Flecken verursacht.

Aufbau eines Virus. Das Virus besitzt keine Zellstruktur; es besteht aus einem Kern informationstragender Nucleinsäure und einer Schutzhülle aus Protein (Capsid); ganz außen kann noch eine Membran aus Lipoproteiden sein, die als Antigen wirksam ist. Daher ist die Erzeugung spezifischer Antikörper durch eine Schutzimpfung eine wirksame Behandlungsmaßnahme. Bestimmte Viren besitzen noch einen Schwanz mit spezifischen Receptoren, die zum Anheften an die Wirtszelle dienen. Die einfachsten Viren, wie z. B. das Tabakmosaikvirus, bestehen nur aus einer Nucleinsäure mit Proteinhülle. Die Viren vermehren sich wie Parasiten *nur* in lebenden Wirtszellen mit intaktem Enzymapparat. Je nach dem Typ der Nucleinsäure unterscheidet man DNA- und RNA-Viren. Diejenigen

Viren, die Bakterien als Wirtszellen benötigen, heißen *Bakteriophagen* (Bakterienfresser) oder kurz *Phagen*.

Virusvermehrung in der Wirtszelle. Die Virusvermehrung verläuft in verschiedenen Phasen. Zunächst heftet sich das Virus mit den am Schwanzende sich befindlichen Receptoren an die Bakterienwand. An der Haftstelle wird die Zellwand für die Virus-Nucleinsäure durchlässig, so daß diese ohne Proteinhülle in das Zellinnere eindringen kann. Man vergleicht das Virus mit einer Injektionsspritze, weil die Proteinhülle draußen bleibt und nur der Inhalt, die Nucleinsäure, in das Innere der Wirtszelle gelangt. Im Zellkern der Wirtszelle (bei Influenzaviren) oder im Cytoplasma (bei Poliomyelitisviren) baut die Virus-Nucleinsäure, die allein das infektiöse Material darstellt, eine virusspezifische Messenger-RNA (m-RNA auf S. 11), die dafür sorgt, daß an den Ribosomen der Wirtszelle Virusproteine gebildet werden, sowohl Virusenzyme zur Synthese von Virusstoffen als auch Hüllenproteine. Zuletzt wird die neu gebildete Virus-DNA von Hüllprotein umgeben. Die RNA-Viren haben direkt die Funktion einer Messenger-RNA, die den Zellstoffwechsel umlenkt. Nachdem sich etwa 100–1000 Tochterviren pro Wirtszelle gebildet haben, wird die Zellwand mit Hilfe lytischer Enzyme zerstört, wodurch die fertigen kompletten Viren mit dem sonstigen Zellinhalt unter Absterben der Wirtszelle in das umgebende Milieu gelangen. Dort können sie neue intakte Wirtszellen „infizieren". Ein intrazellulärer Vermehrungszyklus dauert bei 37°C etwa eine halbe Stunde.

Die Wirtszellen selbst verfügen über einen natürlichen Schutzmechanismus, indem sie eine Virusinfektion mit der Bildung von *Interferon* bekämpfen. Interferon ist ein hochmolekulares Protein mit virus-hemmenden Eigenschaften. Aus der infizierten Wirtszelle gelangt es beim Zerfall der Zelle in andere noch nicht infizierte Zellen und schützt diese vor der Infektion. Interferon ist nicht spezifisch für ein bestimmtes Virus, sondern artspezifisch, d. h. beim Menschen wirkt nur ein aus menschlichen Zellen gewonnenes Interferon. Wahrscheinlich regt das Interferon die Bildung eines Proteins an, das die Translation, d. h. die Übersetzung des DNA-Codes in den Aminosäuren-Code verhindert.

Die Kenntnisse über die intrazelluläre Virusvermehrung in Wirtszellen bildeten die theoretischen Grundlagen für die kausale Behandlung von Virusinfektionen. Hierfür stehen aus biochemischer Sicht folgende Wege zur Verfügung: Chemotherapie, Immunkörperbildung, Behandlung mit Cytostatika (Zellteilungsgiften) und Anregung der Interferonproduktion. Von der großen Zahl der Stoffe mit antiviralem Effekt haben eine praktische Bedeutung nur das *Jod-Desoxyuridin* bei Herpesinfektion der Hornhaut des Auges, das

1-Adamantan-aminohydroclorid bei der oralen Prophylaxe der Influenzavirusinfektion und das Insatinthio-semicarbazon bei der Pocken-Prophylaxe.

Einen neuen Weg für die Virus- und auch für die Krebstherapie eröffnete sich, als 1967 erkannt wurde, daß synthetische Ribonucleinsäuren (z. B. Poly IC) die Interferonproduktion anregen und eine Virusvermehrung hemmen. Die Toxizität dieser Substanzen verhinderte bisher beim Menschen eine breitere Anwendung.

Viren als Krebserreger. Es liegen Befunde vor, die für eine Virusätiologie maligner Erkrankungen beim Menschen sprechen. Auffallenderweise haben alle in Frage kommenden Tumorviren, aus denen sich DNA isolieren ließen, ringförmige DNA-Moleküle. Im Gegensatz zu den gewöhnlichen Virusinfektionen tritt bei der virogenen Tumorbildung ein neu produziertes Tumor-Antigen (T-Antigen) in Aktion. Dieses bringt den Ablauf einer Virusinfektion in der sog. Frühphase zum Stillstand, wo das Virus in seine Bestandteile zerlegt ist und noch keine Tochter-Viren gebildet sind. Daher ist auch der Virusnachweis in den virusbedingten Tumoren schwierig. Mit dem Abbrechen der Frühphase beginnt die Tumorbildung der Wirtszelle, die mit einem besonderen Mechanismus molekularbiochemischer Steuerung verknüpft ist, dessen Einzelheiten noch nicht geklärt sind. Beim Angehen von Tumoren nach Virusinfektionen scheint die immunologische Abwehrlage des Organismus mitzuspielen. Hierfür spricht die Beobachtung, daß in Zeiten relativer Immunschwäche — bei Neugeborenen und im Alter — bei Virusinfektionen öfter Tumoren auftreten als in Zeiten voller Immunkompetenz. Die erhebliche Zunahme bösartiger Geschwülste im Alter wird auch dadurch erklärt, daß vorher im Körper latent vorhandene Viren durch das Nachlassen der Immunabwehr aktiviert werden.

1.6. Abbau der Nucleinsäuren

Im Zellstoffwechsel wird aus den Nucleoproteiden (Nucleinsäuren-Protein-Verbindungen) zunächst Eiweiß abgespalten, so daß die Nucleinsäuren freigesetzt werden. Mittels der Enzyme Desoxyribo- und Ribo-nucleasen entstehen aus Polynucleotiden schließlich Oligonucleotide. Die Oligonucleotid-phosphodiesterasen spalten weiter auf in Mononucleotide und die Mononucleotidasen (Phosphomono-esterasen) unter Freisetzung von Phosphat in Nucleoside. Diese werden in ihre letzten Bausteine zerlegt: Purin- und Pyrimidinbasen und Pentosen (Ribose und Desoxyribose). Ein Teil der Ribosen verestert sich wieder mit Hilfe einer Phosphatase zum Ribose-1-phosphat (s. Abbauschema in Abb. 14). Die Pyrimidinbasen werden im Zellstoffwechsel vollständig abgebaut, während der Abbau der Purinbasen beim Menschen und bei höheren Affen nur bis zur *Harnsäure* bzw. zum Urat erfolgt. Das Enzym *Xanthinoxidase* katalysiert die Umsetzung von Hypoxanthin und Xanthin zu Harnsäure (s. Abb. 12 und Schema in Abb. 42). Bei den meisten Säugetieren wird Urat mittels des Enzyms *Uricase* (Urat-Oxidase) unter Aufspaltung des Purinringes weiter zu *Allantoin* oxidiert (Uricolyse). Die Uratbildung beim Menschen findet vorzugsweise in der *Leber* statt. Von dort gelangt das Urat in den Blutstrom und zu den Nieren, die es durch aktive Exkretion im Tubulussystem ausscheiden. Ein Teil der ausgeschiedenen Harnsäure stammt aus dem endogenen Purinstoffwechsel (endogene Harnsäure), ein anderer Teil aus den Nahrungspurinen (exogene Harnsäure).

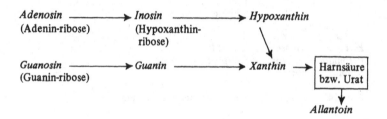

Abb. 12: Schema der Harnsäure- bzw. Uratbildung

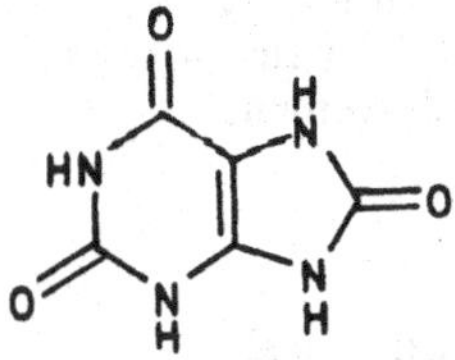

Harnsäure (Ketoform)
2, 6, 8-Trioxopurin

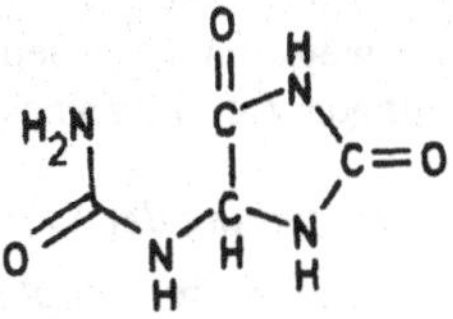

Allantoin
(Harnsäure wird unter Aufspaltung
des Purinringes oxidiert)

Abb. 13: Chemische Formeln für Harnsäure und Allantoin

19

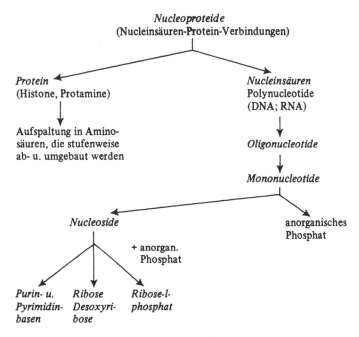

Abb. 14: Abbau der Nucleoproteide und Nucleinsäuren

1.7. Störungen des Purin- und Harnsäure-Stoffwechsels

Wie bereits vorher dargelegt entsteht beim Menschen als Endprodukt der in den Nucleinsäuren enthaltenen Purine die *Harnsäure*. In der weiteren Verarbeitung und Bildung von Harnsäure kommen Störungen vor, die zweckmäßig derart eingeteilt werden:

Einteilung der Störungen

1. *Harnsäure-Pool und Hyperurikämien*
2. *Primäre Gicht* (Harnsäuregicht; Arthritis urica)
   a) Grundstörung der primären Gicht
   b) Gichtanfälle und Gichtarthritis
3. *Sekundäre (symptomatische) Hyperurikämie und sekundäre Gicht*
4. *Kongenitale Hyperurikämie* (Lesch-Nyhan-Syndrom)

5. *Hypourikämien* (Serumharnsäureerniedrigungen)
6. *Xanthinurie*

1.7.1. *Harnsäure-Pool und Hyperurikämien*

Unter *Harnsäure-Pool* (Urat-Pool) versteht man die *Gesamtmenge* der im Körper, d. h. in Blut, Körperflüssigkeiten und Geweben, vorhandenen *Harnsäure*; sie beträgt normalerweise ca. *1,2 g* (Schwankungsbreite 0,9—1,6 g). Der Harnsäure-Pool ist sowohl von der Biosynthese der Harnsäure aus Nichtpurinen, vom Anfall der Harnsäure aus dem Purinstoffwechsel und von der renalen Harnsäureausscheidung abhängig. Beim Gesunden wird der Harnsäure-Pool täglich zu 50—80 % ausgewechselt.

Als *Hyperurikämie* (Serumharnsäureerhöhung) bezeichnet man einen länger anhaltenden über der Norm *vermehrten Serumharnsäuregehalt*. Es gibt verschiedene Formen von Hyperurikämien:

a) *Primäre oder prägichtische Hyperurikämie*. Sie wird durch einen erblich bedingten Enzymdefekt im Purin- bzw. Harnsäure-Stoffwechsel verursacht.

b) *Sekundäre oder symptomatische Hyperurikämie*. Bei dieser Hyperurikämieform liegt ein vermehrter Anfall von Harnsäure vor, dem aber *nicht* ein Stoffwechsel- oder Enzymdefekt, sondern ein krankhaft gesteigerter Zellzerfall aus verschiedenen Ursachen zugrunde liegt (s. S. 33).

Zwischen der Größe des Harnsäure-Pools und dem Serum-Harnsäurewert besteht eine enge Beziehung wie aus Abb. 15 hervorgeht.

Bei normalem Harnsäure-Pool und normaler Nierenausscheidung beträgt bei der weißen Bevölkerung in Europa und Amerika der *Harnsäuregehalt im Serum* beim Erwachsenen nach einigen Tagen purinarmer Kost *4—6 mg/100 ml Serum* (4—6 mg %). Frauen haben etwas niedrigere Werte als Männer. Im Kindesalter findet man nur 0,7—3 mg/100 ml Serum. Als *oberste normale Grenze* nimmt *Seegmiller* in Übereinstimmung mit den Angaben der Weltgesundheitsorganisation (WHO) einen Wert von *7 mg %* beim Mann und 6 mg % bei der Frau an.

Für die deutsche Bevölkerung gibt *N. Zöllner* folgende Normalwerte im Serum an: beim Mann 2,6–6,8 mg % und bei der Frau
2,0–6,3 mg %.

Je nach der Art der Bestimmungsmethode kann der Harnsäure-
wert einer Serumprobe etwas verschieden ausfallen. Die Reduk-
tionsmethoden mit Phosphorwolframsäure führen im allgemeinen
zu etwas höheren und gelegentlich auch zu niedrigeren Werten. Es
gibt auch einen von Boehringer-Mannheim eingeführten Farbtest
Urica-quant.

Die *Diagnose* einer Hyperurikämie erfolgt durch die Bestimmung des Harnsäuregehaltes im Nüchternserum am besten mit einer
enzymatischen Methode, bei der das Enzym *Uricase* die Harnsäure
unter Abspaltung von H_2O_2 und CO_2 in Allantoin überführt (Uricolyse). Da verschiedene Faktoren (purinreiche Nahrung, Alkohol,
Arzneimittel) den Harnsäurespiegel im Blut beeinflussen, sollte
man die Diagnose einer Hyperurikämie durch mehrere Kontrollen
sichern und die verschiedenen Zustände wie Normourikämie, primäre Hyperurikämie (Gichterkrankung) und sekundäre oder symptomatische Hyperurikämie streng abgrenzen. Die Diagnose einer
primären Hyperurikämie bedeutet eine lebenslange Behandlung.
Zahlreiche Medikamente (z. B. Saluretika, Salicylate, Nicotinsäure)
verursachen eine Erhöhung des Harnsäurewertes im Serum; andere
wiederum eine Erniedrigung (wie Pyrazolone, Dicumarole, Phenyl-
indandione u. a.). Von einer extrem purinarmen Kost vor der Blut-
abnahme zur Harnsäurebestimmung kann nach *N. Zöllner* und
Wolfram abgesehen werden, da sonst Fehler in der üblichen Ernährung des Patienten nicht erfaßt werden.

Gesunde Menschen scheiden bei purinfreier Kost täglich 300 bis
500 mg Harnsäure aus. Diese Menge entstammt dem *endogenen
Abbau* der Nucleoproteide und der endogenen Biosynthese von
Harnsäure: *endogene Harnsäuremenge*. Nach Aufnahme purinhal-
tiger Nahrung steigt der tägliche Harnsäureumsatz um ca. 100–400
mg an: *exogene Harnsäuremenge*. Die Serumharnsäurewerte werden durch die mit der Nahrung zugeführten Purine inkonstant
beeinflußt. 30–70 % davon werden zusätzlich als Harnsäure im
Harn ausgeschieden. Normalerweise beträgt demnach der endogene
und exogene Harnsäureanfall beim Gesunden täglich insgesamt ca.
750 mg Harnsäure im Harn.

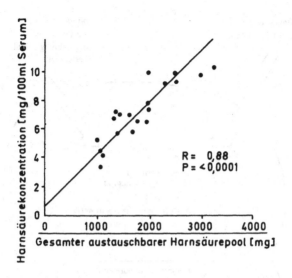

Abb. 15: Beziehung zwischen der Größe des *Harnsäure-Pools* und dem *Serum-Harnsäuregehalt* (nach *J. T. Scott* u. Mitarb.)

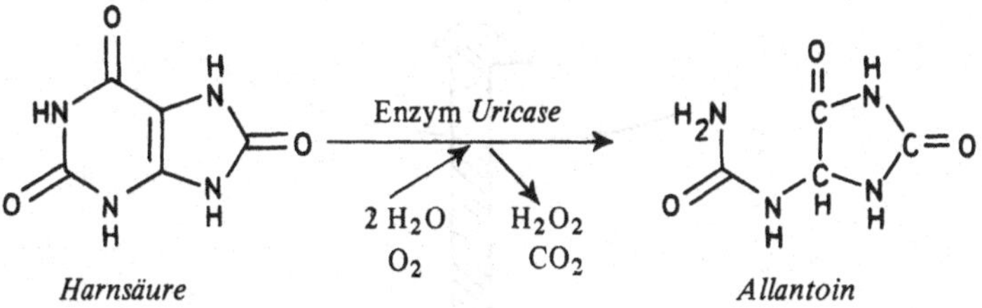

Abb. 16: Oxidativer Abbau der Harnsäure zu Allantoin

1.7.2. *Primäre Gicht (Harnsäuregicht; Arthritis urica)*

Bei der bereits im Altertum bekannten primären oder klassischen Gichterkrankung muß zwischen der *Grundstörung* (primäre Hyperurikämie und vermehrter Harnsäure-Pool) und dem eigentlichen *Gichtanfall* mit seinen Folgeerscheinungen – wie artikuläre und extraartikuläre Veränderungen – unterschieden werden.

23

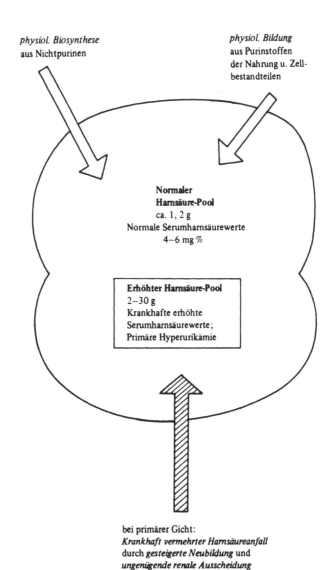

physiol. Biosynthese
aus Nichtpurinen

physiol. Bildung
aus Purinstoffen
der Nahrung u. Zell-
bestandteilen

**Normaler
Harnsäure-Pool**
ca. 1, 2 g
Normale Serumharnsäurewerte
4–6 mg %

Erhöhter Harnsäure-Pool
2–30 g
Krankhafte erhöhte
Serumharnsäurewerte;
Primäre Hyperurikämie

bei primärer Gicht:
Krankhaft vermehrter Harnsäureanfall
durch *gesteigerte Neubildung* und
ungenügende renale Ausscheidung

Abb. 17: Harnsäure-Pool unter normalen Verhältnissen und bei primärer
Gicht

1.7.3. Grundstörung der primären Gicht

Der erblich bedingten primären Gicht liegt eine *Erhöhung des Harnsäure-Pools* zugrunde, die mit einer *primären Hyperurikämie* einhergeht. Der Harnsäure-Pool ist auf 2–30 g erhöht. „Ohne Hyperurikämie keine Gicht." Über die *Ursache* der Grundstörung läßt sich folgendes sagen:

Da im Gegensatz zu den meisten Säugetieren und Kaltblütern beim Menschen das Enzym *Uricase* zum Weiterabbau der Harnsäure zu Allantoin fehlt, fällt dieser Umstand als Ursache der Gicht aus. Es kommen nur 2 Arten von Stoffwechseldefekten in Frage: Eine *verminderte renale Ausscheidung* der Harnsäure („Renale Gichttheorie") und eine *vermehrte endogene Bildung* von Harnsäure („Überproduktionstheorie").

Renale Gichttheorie (nach *Garrod* 1909; erneut vertreten von *Thannhauser* und *N. Zöllner*). Der Theorie des renalen *Ausscheidungsdefektes* liegt eine enzymatisch bedingte *Sekretionshemmung* für Harnsäure im Tubulusapparat der Nieren zugrunde (Tubulopathie). Trotz der erniedrigten Harnsäure-Clearance kann genausoviel Harnsäure ausgeschieden werden wie beim Gesunden, aber hierfür sind höhere Harnsäurewerte im Serum notwendig.

Zöllner fand bei Gichtkranken auch Sekretionsstörungen der Speicheldrüsen. Auf Grund dieser Beobachtung hat er die renale Gichttheorie zu einer *generalisierten Ausscheidungs- bzw. Transportstörung* für Harnsäure erweitert.

Normalerweise erfolgt die *Ausscheidung der Harnsäure* nur zu zwei Dritteln durch die *Nieren*, das restliche Drittel wird durch den *Darm*, entweder direkt oder auf dem Umweg über die Speicheldrüsen, den Magensaft und die Galle ausgeschieden. Im Darm wird die Harnsäure durch das in Bakterien vorkommende Enzym *Urease* in Ammoniak und CO_2 aufgespalten. Eine in den Geweben auftretende *Acidose* (Lactacidose; Ketoacidose) führt zu einer Verminderung der Harnsäureausscheidung.

Überproduktionstheorie. Der renalen Gichttheorie wurde die von *Benedict* (1952) begründete Überproduktionstheorie gegenübergestellt, die sich darauf gründet, daß der Körper aus einfachen Bausteinen und Aminosäuren Purine selbst synthetisieren kann. Isotopenversuche mit N^{15} markiertem Glycin (Glycocoll) haben gezeigt, daß bei Zufuhr dieser Aminosäure bei Gichtkranken eine gesteigerte Purinbiosynthese und damit eine *vermehrte* Bildung von Harnsäure im Sinne der Überproduktionstheorie vorliegt.

Entsprechend der renalen Gichttheorie und der Überproduktionstheorie hat man versucht, 2 Typen der primären Gicht herauszustellen, einen *Nierentyp* mit ungenügender renaler Harnsäureausscheidung und eine *metabolische Form*, bedingt durch erhöhte Harnsäurebildung aus Nichtpurinen. Eine strenge Trennung der primären Gicht in diese beiden Typen läßt sich jedoch *nicht* durchführen, da fließende Übergänge bestehen. Nach diesem Gesichtspunkt ergibt sich folgendes:

Der primären Gicht liegt in erster Linie eine *Störung des Purin- bzw. Harnsäure-Stoffwechsels* zugrunde, die in den meisten Fällen erblich bedingt ist.

Die *Grundstörung* der Gicht, die *primäre Hyperurikämie* mit der Vermehrung des Harnsäure-Pools, wird durch zwei Defekte verursacht: *Gesteigerte Neubildung* von Harnsäure aus Nichtpurinen („Überproduktionstheorie") und *ungenügende renale Ausscheidung* von Harnsäure („renale Gichttheorie").

Auch Tiere (wie höhere Affen, Vögel, Reptilien), die wie der Mensch nicht imstande sind, Harnsäure zu Allantoin weiter abzubauen, können an Harnsäuregicht erkranken.

Typische klinische Leitsymptome der primären Gicht:

a) Hyperurikämie
b) Röntgenologisch nachweisbare Stanzdefekte des gelenknahen Knochens

c) Gichtknoten (Tophi)
Häufig wird bei der Gicht ein Diabetes mellitus beobachtet.

1.7.4. Gichtanfälle und Gichtarthritis

Als Folge des erhöhten Harnsäuregehaltes in Blut und Geweben, d. h. in der extrazellulären Flüssigkeit, wird Harnsäure vor allem in bradytrophen Geweben mit hohem Kollagen- oder Mucopolysaccharidgehalt ausgeschieden und abgelagert.

Biochemie der Harnsäureausscheidung. Die Harnsäure kann in eiweißhaltigen Medien übersättigte Lösungen bilden, so daß 50 bis 100 mg %ige Lösungen von Harnsäure im Serum stabil sind. Sobald aber in solchen übersättigten Lösungen Harnsäurekristalle auftreten, die als Kristallisationskeime wirken, fällt die Harnsäure aus; es stellt sich dann eine Konzentration im Serum von 8,5–10 mg %

ein. Weiterhin ist zu berücksichtigen, daß Harnsäure eine schwache Säure ist und sowohl die Löslichkeit als auch der Ionisationsgrad bei alkalischem pH zunimmt. Da in den bradytrophen Geweben das pH niedriger ist als in den übrigen Geweben, erfolgt in ihnen die Bildung der Primärkristalle von Harnsäure leichter. Daher werden die Gichtanfälle auch als „Kristallisationskrankheit" oder als „Kristallsynovitis" angesprochen.

Die Harnsäure- bzw. Uratkristalle werden von Leukocyten phagocytiert, wobei es zu entzündlichen Reaktionen im Gewebe, d. h. zum akuten, schmerzhaften *Gichtanfall* kommt. *Seegmiller* vermutet, daß nach dem Eintreten der Phagocytose die Stoffwechseltätigkeit der Leukocyten sich steigert. Die hierdurch hervorgerufene erhöhte Milchsäureproduktion bewirkt eine Senkung des pH-Wertes, die für eine reichlichere Uratablagerung ein günstiges Milieu darstellt. Sowohl die Milchsäure selbst als auch die von den Leukocyten abgegebenen Enzyme (Kinine) steigern die Entzündungsvorgänge.

Als auslösende Ursache eines Gichtanfalls spielen *exogene und andere Faktoren* eine Rolle: Zufuhr purinreicher Nahrungsmittel, Alkohol, bestimmte Medikamente (*Saluretika*, Antihypertonika), Stress-Situationen, Kälteeinfluß, Operationen, Erniedrigung des pH-Wertes durch Acidosen (Lactacidose; Ketoacidose), Fettleibigkeit. Die Rolle des Alkohols kann so erklärt werden, daß die auftretende Hyperlactacidämie den pH-Wert senkt und dadurch die renale Harnsäureausscheidung vermindert. Die Saluretika hemmen die Harnsäureausscheidung und lösen dadurch eine Hyperurikämie aus.

Die Ablagerung von nadelförmigen Harnsäurekristallen beim Gichtanfall erfolgt vor allem in den Gelenkknorpeln, im periartikulären Gewebe, in Schleimbeuteln, im Periost, in den Sehnenscheiden und unter der Haut. Die Harnsäure- bzw. Uratablagerungen führen zu *Gichtknoten* (Tophi), die besonders in den häufig benutzten Gelenken, wie Großzehengelenk („Podagra") und Daumengrundgelenk („Chirargra") auftreten, aber auch in den Ohrknorpeln („Gichtperlen") und in Sehnen vorkommen. Es kommt auch zur Tophusbildung in der *Niere*, sowohl im Pyelon als auch im Nierenparaenchym (in den Nephronen), vermutlich im Zusammenhang mit Hypertonie. Als gefährlichste Folge der Uratablagerung und Uratsteinbildung in der Niere mit Nephrosklerose tritt die *Gichtniere* (gichtische Nephrolithiasis) auf.

Uratablagerungen sind *röntgenologisch* nur sichtbar, wenn noch Kalk ausgeschieden wird. Bei nachfolgenden destruktiven Gelenk- und Knochenveränderungen sieht man im Röntgenbild scharfe, ausgestanzte Knochendefekte.

Tab. 2: Klinische Stadien der Gichterkrankung

Nach dem klinischen Verlauf unterscheidet man **drei Stadien** der Gichterkrankung:

Stadium 1	Stadium 2	Stadium 3
Hyperurikämie mit Erhöhung des Harnsäure-Pools **ohne** klinische Erscheinungen	**Akute Gichtanfälle** akute intermittierende **Arthritis;** Intervalle zwischen den einzelnen Anfällen 1/2 Monat bis zu 10 Jahren	**Auftreten von Gichtknoten** Chronische Gichtarthritis von akuten Gichtanfällen überlagert; Gelenk- und Knochendeformationen

Die Gicht tritt nicht als Todesursache auf, sondern ihre Sekundärleiden. Die Lebenserwartung hängt vom Ausmaß der renalen Nierenbeteiligung (Gichtniere) und vom Auftreten der Hypertonie ab. Die Berufsfähigkeit steht mit dem Ausmaß der Harnsäure-Arthritis in Zusammenhang.

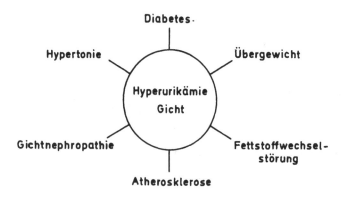

Abb. 18: Wechselseitige Beziehungen zwischen Hyperurikämie und anderen Krankheiten

1.7.5. Zur Therapie der Hyperurikämie und der Gicht

Die Therapie, die mit den biochemischen und klinischen Vorgängen eng verknüpft ist, wird in die Ernährungsbehandlung und medikamentöse Behandlung eingeteilt:

a) Ernährungsbehandlung.

N. Zöllner und *Wolfram* empfehlen, daß eine Hyperurikämie bis 9 mg Harnsäure in 100 ml Serum, wenn sie ohne klinische Komplikationen und ohne den Verdacht auf eine Gichtniere einhergeht, zunächst nur diätetisch behandelt wird bei regelmäßigen Kontrollen der Serumharnsäurewerte und der Nierenbefunde. Bleiben die erhöhten Harnsäurewerte bestehen, dann ist unter diesen Umständen auch eine prophylaktische medikamentöse Behandlung angezeigt. Das Ziel der Behandlung ist, die schweren Folgen einer Hyperurikämie, nämlich die Gelenkgicht, die Bildung von Harnsäurekonkrementen und die Gichtniere zu verhindern. Diese Folgekrankheiten können zu einer Einschränkung der Nierenfunktion, zur Hochdruckkrankheit und zum Herzinfarkt führen. Den Patienten selbst sind meist nur die Gelenkgicht und das Auftreten von Nierensteinen bekannt.

Bei der *diätetischen Behandlung* der Hyperurikämie und Gicht gelten folgende Grundsätze: Wenn eine Dauerbehandlung notwendig ist, wie es die primäre Gicht erfordert, dann kann man nicht damit rechnen, daß eine extreme Diät laufend eingehalten wird. Diese Ernährungsregel muß eingehalten werden:

> Verbot von sehr purinreichen Nahrungsmitteln, Normalisierung des Körpergewichtes und Begrenzung der Alkoholzufuhr. Bei einer gemäßigten Kostform ist *eine* Fleischmahlzeit pro Tag erlaubt.

Purinreiche innere Organe, wie Leber, Niere, Gehirn, Kalbbries (Thymusdrüse) sind zu verbieten. Von großem Vorteil ist, den Eiweißbedarf durch purinfreies Milcheiweiß der mannigfaltigen Milchprodukte und durch Ei-Eiweiß zu decken. Die Eiweißzufuhr sollte jedoch nicht über das normale Maß von 12 bis 15 Prozent des gesamten Energiebedarfs steigen, da eine erhöhte Zufuhr auch von purinfreien Eiweißstoffen zu einer vermehrten Harnsäurebildung führt. Es soll ferner eine Normalisierung des Körpergewichtes erzielt werden, denn ein Übergewicht bedeutet für den Hyperurikämiker ein Risikofaktor, ebenso wie bei Diabetes mellitus und Hyperlipidämie.

Bei Hunger- bzw. Fastenkuren (Abmagerungskuren) sollte durch die verminderte Harnsäurezufuhr der Harnsäurespiegel im Serum sinken, aber die Hunger-Ketoacidosis hemmt wiederum die renale Ausscheidung der Harnsäure, so daß es eher zu einer Hyperurikämie kommen kann. Bei Übergewichtigen ohne Hyperurikämie erzielt man als Gegenmaßnahme pro Tag eine Harnmenge von zwei Litern, Übergewichtige mit Hyperurikämie sollten deshalb zusätzlich Urikosurika (s. unten) erhalten.

Eine purinfreie Ernährung mit dem üblichen Nahrungsmittelangebot ist nicht durchführbar, da beinahe alle Nahrungsmittel Purinstoffe enthalten. Nahrungsmittel mit geringem Purinstoffgehalt (z. B. Gemüse) enthalten wiederum einen so geringen Energiegehalt, daß eine ausreichende Kalorienzufuhr mit diesen Nahrungsmitteln eine erhöhte Nahrungsmenge erfordert. Dadurch erreicht die Purinstoffzufuhr Werte, die denen bei purinstoffreicheren Nahrungsmitteln entsprechen.

Alkohol. Es ist nicht notwendig, dem Hyperurikämiker alkoholische Getränke vollständig zu verbieten, wenn nicht besondere Gründe (Leberschaden, Hyperglycerinämie u. a.) dagegen sprechen. Daher kann man im allgemeinen eine begrenzte Menge eines alkoholischen Getränkes (1 Glas Bier oder 1 Glas Wein) zu den Hauptmahlzeiten erlauben. Der Alkohol in größerer Menge hemmt durch sein Abbauprodukt Milchsäure die Nierensekretion und erhöht dadurch den Harnsäurespiegel im Blut. Es ist der gleiche Mechanismus wie bei der Acidose im Hungerzustand. Der Anstieg des Harnsäurewertes kann einen Gichtanfall auslösen. Die beste Prophylaxe dagegen ist das Vermeiden von Exzessen. „Fasten und Feste" bedeuten deshalb für den Hyperurikämiker ein Risiko.

Da die wirksamen Bestandteile des *Kaffees, Tees und Kakaos*, nämlich Coffein, Theobromin, Theophyllin, als methylierte Xanthinderivate *nicht* zu Harnsäure abgebaut werden, sind diese Getränke bei Hyperurikämie und Gichterkrankung erlaubt.

b) Medikamentöse Behandlung.

Je nach dem Stadium der Hyperurikämie und der Gichterkrankung ist zusätzlich zur Ernährungsbehandlung noch eine medikamentöse Therapie erforderlich, die sowohl eine *Erhöhung der renalen Harnsäureausscheidung* als auch eine *Blockierung der endogenen Harnsäurebildung* zum Ziel hat.

Urikosurika sind harnsäureausscheidende Medikamente; zu ihnen gehören:

Benzbromaron (z. B. Uricovac); *Sulfinpyrazon* (z. B. Anturano); *Probenecid* (z. B. Benemid).

Zur Vermeidung akuter Harnsäureanflutungen in der Niere und einer Bildung von Nierensteinen muß zur Erzeugung einer Polyurie eine reichliche Flüssigkeitszufuhr und eine Alkalisierung des Harns (mit Eisenberglösung oder Uralyt-U) berücksichtigt werden. Die Alkalisierung soll nur eine Verschiebung der Harnreaktion in den *schwach sauren* Bereichen bewirken (zwischen 6,4 und 6,8 pH), in dem die Harnsäure bereits löslich ist. Bei einer Verschiebung des pH-Wertes *über* 7,0, also in den alkalischen Bereichen, besteht die Gefahr der Bildung von Phosphatsteinen.

Die *Blockierung der Harnsäurebildung* erfolgt durch Xanthinoxidasehemmer, d. h. durch *Blocker der Harnsäuresynthese* wie Allopurinol, das in Präparaten wie Foligan, Zyloric u. a. enthalten ist. Der *Mechanismus der Allopurinolwirkung* beruht auf einer „kompetitiven Hemmung": Allopurinol ist wie Hypoxanthin und Xanthin als Pyrimidin-pyrazolonderivat auch ein Substrat der Xanthinoxidase und wird zu Oxoallopurinol (Alloxanthin) oxidiert. Allopurinol konkurriert als isomere Verbindung des Hypoxanthins um die Bindungsstellen des Enzyms Xanthinoxidase und verdrängt in genügender Konzentration die Substrate Xanthin und Hypoxanthin von den aktiven Stellen des Enzyms. Dadurch wird die *Harnsäurebildung aus Hypoxanthin und Xanthin blockiert* (Abb. 20). Durch die *Hemmung der Xanthinoxidase* werden die Oxipurine bereits als Xanthin und Hypoxanthin ausgeschieden, deren Löslichkeit wesentlich besser ist als die der Harnsäure. Xanthin ist dreimal, Hypoxanthin dreißigmal löslicher als Harnsäure. Die Behandlung der Gicht mit Allopurinol ist eine medikamentöse Enzymhemmung. Durch Allopurinol wird bei der primären Gicht im Gegensatz zur kongentialen Hyperurikämie (Abb. 21) auch die Neubildung von Purinen eingeschränkt. Der Mechanismus dieser Hemmwirkung ist noch nicht ganz geklärt. Nachdem die Rückkopplungshemmung für die Purinsynthese durch Nucleotide noch funktioniert (Abb. 21), wird angenommen, daß bei der Gicht eine *Verstellung des Reglers* vorliegt, d. h. es sind höhere Nucleotiskonzentrationen erforderlich, um den ersten Schritt der Purinbiosynthese regulativ zu hemmen.

Die Xanthinoxidasehemmer dienen zur *Basis-* und *Dauerbehandlung* der Gicht, um die Harnsäurebilanz zu verbessern und die weitere Tophusbildung bei der chronischen Gicht zu verhindern. Es muß darauf hingewiesen werden, daß mit der vermehrten Harnsäureausschwemmung durch Urikosurika auch Allopurinol vermehrt zur Ausscheidung kommt und damit unwirksam wird. Beim Vorliegen von Harnsäuresteinen ist man deshalb zurückhaltend mit der Verordnung von Urikosurika.

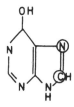

Hypoxanthin (6-Hydroxy-purin);
ein Pyrimidin-Imidazol-Derivat

Allopurinol
Isomere Verbindung des Hypoxanthins
(Stellung eines N-Atoms verändert)

Abb. 19: Hypoxanthin und isomeres Allopurinol

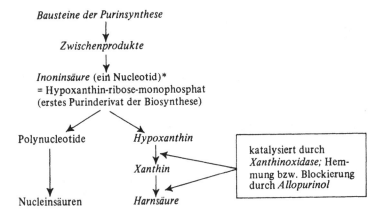

Bausteine der Purinsynthese
↓
Zwischenprodukte
↓
Inoninsäure (ein Nucleotid)*
= Hypoxanthin-ribose-monophosphat
(erstes Purinderivat der Biosynthese)

Polynucleotide   *Hypoxanthin*

Xanthin

Nucleinsäuren   *Harnsäure*

katalysiert durch
Xanthinoxidase; Hemmung bzw. Blockierung
durch *Allopurinol*

* Normalerweise wird der größte Teil der Inosinsäure in Polynucleotide und Nucleinsäuren übergeführt. Im Gegensatz hierzu entstehen bei der primären *Gicht* aus der vermehrt gebildeten Inosinsäure in erster Linie Hypoxanthin, Xanthin und Harnsäure.

Abb. 20: Schema der Bildung von Nucleinsäuren und Harnsäure und die Blockierung durch Allopurinol (s. Text)

Im *Gichtanfall* wird frühzeitig und in genügender Dosierung *Colchicin* stoßweise gegeben, das eine spezifische Wirkung besitzt, die in ihren Einzelheiten nicht geklärt ist. In therapeutischen Dosen bewirkt Colchicin, das Alkaloid der Herbstzeitlose (Colchicum autumnale) *keine* Mitosehemmung, wie dies bei dem als Cytostaticum angewandten Colchicin-Abkömmling *Democolcin*

Da das Substrat des Gichtanfalls eine akute Entzündung ist, wirken grundsätzlich alle antiphlogistischen Medikamente der Rheu-
matologie wie *Phenylbutazon* (Butazolidin) und Prednison. Phenylbutazon ist außerdem noch ein gutes Urikosurikum. Gegenüber der
effektiven medikamentösen Maßnahmen hat die purinarme Ernährung nicht mehr die so große Bedeutung wie früher. Wichtig bleibt
eine kalorienarme Ernährung und eine Vermeidung anfallsprovozie-
render Faktoren. Alkoholabusus ist, wie bereits erwähnt, wegen der
Gefahr der Lactacidose und Ketoacidose zu vermeiden. Zu den
anfallsproduzierenden Medikamenten rechnen die Saluretika (Antihypertonika). Bestimmte Medikamente können die tubuläre Sekretion von Harnsäure hemmen und besonders bei Gichtkranken zu
Harnsäureanstiegen führen. Zu diesen Medikamenten gehören die
als *Diuretika* verwendeten Chlorothiazide und Benzothiadiazide
(z. B. Esidrix; Rodiuran). *Salicylate* in *niedrigen* Dosen hemmen
die Harnsäureausscheidung, während diese durch *hohe* Dosen geför-
dert wird.

Pseudogicht (Chondrocalcinosis articularis). Hierunter versteht
man eine von der echten Gicht schwer abzutrennende Arthritis,
bei der in der Synovialflüssigkeit Calcium-pyrophosphat-kristalle
abgelagert werden. Eine Hyperurikämie liegt bei dieser Erkrankung
nicht vor, es treten aber akute Anfälle auf, die auf Salicylate und
Phenylbutazon reagieren.

1.7.6. Sekundäre (symptomatische) Hyperurikämie

Bei der *sekundären oder symptomatischen Hyperurikä-*
mie liegt ein *vermehrter Anfall von Harnsäure* vor, dem
aber *nicht* ein Stoffwechseldefekt, sondern ein krankhaft gesteigerter *Zellzerfall* mit gesteigertem Nuclein-
säure- und Purinumsatz zugrunde liegt.

Die *Erhöhung des Harnsäuregehaltes im Serum ist*
nur Ausdruck des vermehrten Anfalls von Purinen, die
zu Harnsäure als Endprodukt des menschlichen Purin-
stoffwechsels oxidiert werden.

Der Harnsäuregehalt im Blut ist wie bei der Gichterkrankung erhöht, ebenso die renale Harnsäureausscheidung (Hyperurikos-urie). Wenn die symptomatische Hyperurikämie infolge des erhöhten Harnsäuregehaltes bei relativ ungenügender renaler Ausscheidung von Harnsäure zu schmerzhaften Gelenkanfällen und zu Tophusbildung führt, dann spricht man von der *sekundären Gicht*.

Symptomatische Hyperurikämien treten bei allen *Krankheiten* auf, die mit einem enorm *gesteigerten Zellzerfall* einhergehen: *Leukämien, Polycythaemia vera*, multiples *Myelom*, Remissionsstadium der perniciösen Anämie, Lymphoblastom, Makroglobulinämie. Auch bei schweren Infektionskrankheiten, beim Herzinfarkt, bei Psoriasis und im Hungerzustand führt der gesteigerte Gewebsabbau zu einer vorübergehenden Harnsäurevermehrung im Blut. Eine Hemmung der tubulären Sekretion der Niere bewirkt ebenfalls einen Harnsäureanstieg im Blut. Einige *Medikamente* hemmen die tubuläre Nierensekretion, vor allem die als Diuretika verwendeten Chlorothiazide und Benzothiadiazide.

Die Tatsache ist wenig bekannt, daß nach *Mertz* sekundäre Hyperurikämien bei Kombination von Oligurie und saurem Harn und schlechten Kreislaufverhältnissen ein akutes Nierenversagen auslösen können.

1.7.7. *Kongenitale Hyperurikämie* (*Lesh-Nyhan*-Syndrom)

Im Gegensatz zur symptomatischen Hyperurikämie und zur echten Gicht wird die *kongenitale Hyperurikämie* („juvenile Gicht") durch einen definierten *Enyzmdefekt* verursacht. Es fehlt das Enzym, das die *Umwandlung der Purine zu Nucleotiden* katalysiert (Abb. 21).

Wegen des Mangels an Nucleotiden fällt ihre bremsende Wirkung auf die Neubildung von Purin aus, so daß es zu einer *ungehinderten Purinbiosynthese* kommt. Da die Purine nicht weiter zu Nucleotiden verarbeitet werden können, stellt sich schließlich eine *Überproduktion von Harnsäure* ein.

Man findet bei dieser Erkrankung eine *Hyperurikämie*, eine wesentlich vermehrte Ausscheidung von *Harnsäure* (Hyperurikosurie) und ihrer Vorstufen *Hypoxanthin* und *Xanthin*. Im Gegensatz zur Gicht treten bei der kongenitalen Hyperurikämie, die bereits

Kinder befällt, auch *neurologische Störungen* (psychomotorische Verlangsamung, Choreoathetose, Spastizität) und Intelligenzdefekte auf. Die erstmals 1964 beschriebene Erkrankung wird recessiv und an das X-Chromosom gebunden vererbt. Als besondere Komplikation kommt es bei älteren Kindern zur Uratsteinbildung, die zu Hämaturie und Niereninsuffizienz führen kann.

Der *Name des Enzyms*, dessen Aktivität bei der kongenitalen Hyperurikämie in Leber, Nieren und in Leucocyten fehlt, lautet: *H*ypoxanthin-*G*uanin-*P*hospho*r*ibosyl-*T*ransferase (abgekürzt: *HG-PRT*).

Allopurinol, das bei der Gicht die Harnsäurebildung erfolgreich hemmt, hat bei der kongenitalen Hyperurikämie nur eine beschränkte Wirkung. Die Harnsäurebildung aus Hypoxanthin und Xanthin wird infolge der Hemmung der Xanthinoxidase beeinflußt. Da aber die *Purinbiosynthese unvermindert weitergeht*, kommt es zu einem enormen Anstieg der Harnsäurevorstufen, die im Endeffekt doch zu einer Überproduktion von Harnsäure führen (s. Allopurinolwirkung bei Gicht S. 31).

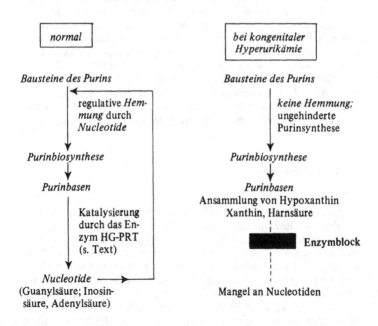

Abb. 21: Normaler Purinstoffwechsel und bei kongenitaler Hyperurikämie

1.7.8. Hypourikämien (Serumharnsäureerniedrigungen)

> Unter *Hypourikämie* versteht man einen länger anhaltenden unter der Norm *erniedrigten Serumharnsäuregehalt.*
> Als untere Normalgrenze der Harnsäurekonzentration werden nach *Zöllner* Werte von 2,65 mg/100 ml Serum für Männer und 2,00 mg/100 ml für Frauen angegeben.
> Die selten auftretende *primäre Hypourikämie* beruht auf einer überstarken renalen Harnsäure- bzw. Uratsekretion, die ohne krankhafte Störungen einhergeht.

Eine *sekundäre Hypourikämie* kann durch Medikamente mit urikosurischem Effekt verursacht werden. Es sind bereits ca. 100 Substanzen bekannt, die den renalen Sekretionsmechanismus der Harnsäure fördern. Zu ihnen zählen vor allem die in der Gichttherapie verwendeten speziellen Urikosurika wie *Probenecid* (Benemid), *Sulfinpyrazolon* (Anturano) und *Benzbromaron*. Eine Reihe von analgetisch, antiseptisch und antirheumatisch wirkenden Medikamenten haben meist in hoher Dosierung eine unspezifische urikosurische Wirkung. Es seien nur folgende genannt: Salicylate, Phenylbutazon, Corticoide, Phenacetin, Theophyllin, Coffein. Unter bestimmten Bedingungen, wie sie bei der Schwangerschaft, der Wilsonschen Krankheit und beim Fanconi-Syndrom vorliegen, kommt es zu einer Verminderung der Serumharnsäurekonzentration.

1.7.9. Xanthinurie

Bei dieser sehr seltenen Störung des Purinstoffwechsels liegt ein angeborener Enzymdefekt vor. Es fehlt die Wirkung des Enzyms *Xanthinoxidase*, das die Oxidation des Hypoxanthins über Xanthin zu Harnsäure katalysiert (s. Abb. 12). Hypoxanthin und Xanthin häufen sich an und werden im Harn vermehrt ausgeschieden (Xanthinurie). Der Harnsäurespiegel im Blut ist nieder und eine Harnsäureausscheidung im Harn ist nur vorhanden, wenn Harnsäure mit der Nahrung zugeführt wird. Im Verlauf der Krankheit, die 1954 zum erstenmal beobachtet worden ist (*Dent* und *Philpot*), können sich Xanthinsteine in den ableitenden Harnwegen bilden.

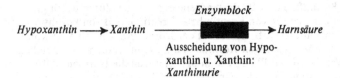

Enzymblock

Hypoxanthin ——➤ Xanthin ————[ ]————➤ Harnsäure

Ausscheidung von Hypo-
xanthin u. Xanthin:
Xanthinurie

Abb. 22: Enzymblock bei Xanthinurie

1.8. Störung des Pyrimidin-Stoffwechsels

Eine Pyrimidin-Stoffwechselstörung stellt die vererbbare *Orota-cidurie* dar, die durch ein Fehlen der Orotidyl-Pyrophosphorylase zustande kommt. Dadurch fällt die Biosynthese des Pyridinnucleo-sids Uridyl-5-phosphat aus. Es kommt zu einer Anreicherung von Orotsäure im Serum, in den Geweben und im Harn. Der Enzymde-fekt führt zu Wachstumsstörungen, zu einer megaloblastischen hyperchromen Anämie und zu Intelligenzstörungen. Zufuhr von Pyrimidinen bessert die Orotsäureausscheidung und auch das übrige Krankheitsbild.

Pyrimidin

Orotsäure
Ein Pyrimidinderi-
vat und die wich-
tigste Muttersub-
stanz der Pyrimidin-
Nucleotide

2. Störungen des Aminosäuren-Stoffwechsels

Einleitung. Die Besprechung der spezifischen Stoffwechselstö-rungen im Haushalt der Aminosäuren erfolgt in einem eigenen Ab-schnitt abgetrennt von den eigentlichen Protein-Stoffwechselstö-rungen.

Die Aminosäuren (AS) stellen nicht nur die Bausteine der Ei-weißstoffe dar, sondern sie haben zahlreiche andere physiologische Funktionen zu erfüllen. Sie sind an vielen Umbau- und Abbaureak-tionen im Organismus beteiligt und werden als Bausteine für Purine

37

und Pyrimifine und als Bestandteile der Nucleinsäuren benötigt. Auch zur Bildung von Kreatin bzw. Kreatinin und von Porphyrin für den Blutfarbstoff verwendet der Körper AS. Einzelne AS können zu lebenswichtigen Hormonen umgebaut werden. Es entstehen beispielsweise aus Phenylalanin bzw. Tyrosin die Hormone Adrenalin, Noradrenalin, Thyroxin und Trijod-Thyronin (s. Schema in Abb. 29, S. 50).

Die im Aminosäuren-Stoffwechsel auftretenden Störungen eignen sich wegen der meist guten Übersichtlichkeit ebenso zur Einführung in das stoffwechselchemische Denken des Arztes und Biologen wie die Störungen des Kohlenhydrat-Stoffwechsels*. Beide Gebiete vermitteln lehrreiche Einblicke in das Geschehen der intermediären Stoffwechselvorgänge und in die Regeln der Vererbung. Die folgende Besprechung der Störungen im Aminosäuren-Stoffwechsel wird auf zwei Abschnitte verteilt, von denen der eine die Hyperaminoacidurien und der andere die zahlreichen speziellen Störungen im Stoffwechsel der Aminosäuren enthält.

2.1. Allgemeines über Hyperaminoacidurien

Als *Hyperaminocacidurie* (Aminoacidurie) bezeichnet man eine krankhaft vermehrte Ausscheidung von Aminosäuren im *Harn* und als *Hyperaminoacidämie* eine pathologisch vermehrte Aminosäurenkonzentration im *Blut*. Das *Leitsymptom* aller Hyperaminoacidurien besteht — wie der Name sagt — aus einer abnormen Konzentrierung von Aminosäuren oder deren Umwandlungsprodukte im Harn.

Primäre und sekundäre Hyperaminoacidurien

Hinsichtlich der pathologischen Ausscheidung von Aminosäuren im Harn unterscheidet man *primäre* und *sekundäre* Hyperaminoacidurien:

Die *primären* Hyperaminoacidurien sind *direkte* Folgen von Enzym- bzw. Transportdefekten, die meist recessiv vererbt werden.

Die *sekundären oder symptomatischen* Hyperaminoacidurien stellen nur *Begleitsymptome* verschiedener Erkrankungen dar.

---

* UTB Nr. 616 des gleichen Verfassers: „Störungen des Kohlenhydrat-Stoffwechsels".

38

2.1.1. Sekundäre Hyperaminoacidurien

Sekundäre Hyperaminoacidurien kommen als Begleit- und Folgekrankheiten vor bei Leber- und Nierenkrankheiten, bei der Galactosämie, Fructoseintoleranz und beim dekompensierten Diabetes mellitus, außerdem auch bei der *Wilson*schen Krankheit, einer hepato-lenticulären Degeneration, bei der große Mengen von Aminosäuren im Harn ausgeschieden werden. Diese Erkrankung geht mit einer Abscheidung von Kupfer im Gehirn, in der Leber und in anderen Organen und mit einer Kupferausscheidung im Harn einher.

2.1.2. Primäre Hyperaminoacidurien

Primäre Aminoacidurien sind direkte Folgeerscheinungen eines *Enzymdefektes im Aminosäuren-Stoffwechsel*. Durch den Aktivitätsausfall eines oder mehrerer Enzyme entstehen *Stoffwechsel-Blockierungen* (metabolische Blockierungen), d. h. Hemmungen des normalen Weiterabbaus von Aminosäuren, die zu einer Anreicherung der Produkte *vor* dem Block und zu einer Verminderung der Metaboliten *hinter* dem Block führen.
Je nach den speziellen Verhältnissen unterscheidet man:

a) *Überlauf-Hyperaminoacidurien*
b) *Hyperaminoacidurien ohne Nierenschwelle*
c) *Renale Hyperaminoacidurien*

a) Bei den *Überlauf-Hyperaminoacidurien* stauen sich infolge des Enzymdefektes eine oder mehrere Aminosäuren im Blut und damit auch im Primärharn, so daß ihre Konzentration zu hoch ist, um in der intakten Niere voll rückresorbiert zu werden. Die in Frage kommenden Aminosäuren werden entweder selbst oder als Umwandlungsprodukte im Harn vermehrt ausgeschieden. Zu dieser Art von Störungen gehören die Phenylketonurie (S. 41) mit dem Auftreten von Phenylalanin und Phenylbrenztraubensäure im Harn und die Ahorn-Sirup-Krankheit (S. 54), bei der mehrere Aminosäuren (Valin, Leucin, Isoleucin) ausgeschieden werden.

b) Die *Hyperaminoacidurien ohne Nierenschwelle* sind durch folgendes gekennzeichnet: Die infolge des Enzymdefektes vermehrt in das Blut gelangenden Aminosäuren werden durch besonders wirksame renale Elimination so vollständig im Harn ausgeschieden, daß es *nicht* zu einem Aminosäurenanstieg im Blut (Hyperaminoacidämie), sondern nur zu einer vermehrten Ausscheidung im Harn kommt. Zu dieser Gruppe gehören die mit Schwachsinn einhergehenden Argininbernsteinsäure-Krankheit, die Cystathioninurie und die Hypophosphatasie, deren klinisches Symptom eine rachitisartige Knochenveränderung ist.

c) Den *renalen Hyperaminoacidurien* liegt ein defekter tubulärer Rückresorptionsmechanismus der Niere im Sinne eines Transportdefektes zugrunde. Es tritt eine Hyperaminoacidurie für eine oder mehrere Aminosäuren auf, *ohne* Konzentrationsanstieg von Aminosäuren im Blut (ohne Hyperaminoacidämie). Als Beispiele seien die Cystinurie (S. 52) und die mit Schwachsinn verbundene Hartnup-Krankheit (S. 54) genannt.

Tab. 3: Leitsymptome der Hyperaminoacidurien

Überlauf-Hyperaminoacidurien	*Hyperaminoacidurien ohne Nierenschwelle*	*Renale Hyperaminoacidurien*
Vermehrte Ausscheidung von Aminosäuren infolge erhöhter Blutkonzentration	Vermehrte Ausscheidung von Aminosäuren ohne meßbare Erhöhung der Blutkonzentration (normale Nierenfunktion)	Vermehrte Ausscheidung von Aminosäuren infolge eines tubulären Rückresorptionsdefektes der Niere
Hyperaminoacidämie + *Hyperaminoacidurie +*	*Hyperaminoacidämie −* *Hyperaminoacidurie +*	*Hyperaminoacidämie −* *Hyperaminoacidurie +*
(Beispiele: Phenylketonurie; Ahorn-Sirup-Krankheit)	(Beispiele: Argininbernsteinsäure-Krankheit; Cystathioninurie; Hypophosphatasie)	(Beispiele: Cystinurie; Hartnup-Krankheit)

2.2. Spezielle Störungen des Aminosäuren-Stoffwechsels
(Störungen im Abbau und in der Resorption von Aminosäuren)

Einteilung der erblichen Störungen des Aminosäuren-Stoffwechsels (Zusammenstellung in Tab. 4, S. 58)

1. *Phenylketonurie* (*Fölling*sche Krankheit; Brenztraubensäure-
   Schwachsinn)
   Störung des Abbaus der Aminosäure *Phenylalanin*

2. *Alkaptonurie* (Homogentisinsäureurie)
   Störung des Abbaus der aus den Aminosäuren Phenylalanin
   und Tyrosin entstehenden *Homogentisinsäure* (HS)
3. *Tyrosinose*
   Störung im Abbauweg der Aminosäure *Tyrosin*
4. *Albinismus*
   Störung in der Bildung von Körperpigmenten (Melaninen)
   aus der Aminosäure *Tyrosin*
5. *Cystinurie und Cystinose*
   Störung der tubulären Rückresorption und enteralen Resorption (Malabsorption) von Cystin und anderer zweibasischer
   Aminosäuren (Lysin, Arginin, Ornithin); Cystin-Lysin-Urie
6. *Hartnup-Krankheit*
7. *Ahorn-Sirup-Krankheit* (Leucinose)

Störungen im Abbau von Aminosäuren verursachen meistens
sekundäre Störungen. Es kann bei vermindertem Abbau einer Aminosäure die Bildung eines wichtigen Produktes gestört sein (z. B.
beim Tryptophanstoffwechsel die Nicotinsäurebildung), ferner werden durch die Konzentrationserhöhung einer Aminosäure andere
Stoffwechselwege beschritten, so daß es zu schädigend wirkenden
Abbauprodukten kommen kann. Da meistens ein Enzym nicht vollständig ausfällt, treten mehr quantitative Veränderungen im Abbau
in Erscheinung. Fast alle Störungen im Aminosäuren-Abbau gehen
gleichzeitig mit Aminoacidurien einher (vgl. vorhergehendes Kapitel).

2.2.1. Phenylketonurie

(*Fölling*sche Krankheit[*]; Phenylbrenztraubensäure-
Schwachsinn)

Die *Phenylketonurie* ist eine schon beim Neugeborenen
auftretende *Erbkrankheit*, bei der durch einen autoso-
mal-recessiv vererbten *Enzymdefekt* die Umwandlung
der Aminosäure *Phenylalanin zu Tyrosin* blockiert ist.
Die Erkrankung führt zu einem hochgradigen Schwachsinn (Phenylbrenztraubensäure-Schwachsinn).

Pathogenese. Normalerweise wird die essentielle, aromatische
Aminosäure Phenylalanin vorwiegend in der Leber zu Tyrosin oxidiert und weiterverarbeitet. Bei der Phenylketonurie fehlt die Aktivität des *Enzyms Phenylalanin-Hydroxylase* in der Leber, so daß es

---

[*] nach dem norwegischen Psychiater *Fölling* (1934)

nicht zur Tyrosinbildung kommt. *Phenylalanin* und seine auf Nebenwegen entstehenden Abbauprodukte *Phenylbrenztraubensäure*, Phenylmilchsäure und Phenylessigsäure (s. Abb. 24) sammeln sich im Blut, Liquor cerebrospinalis und in den Geweben an und werden in Gramm-Mengen im Harn ausgeschieden. Die Phenylbrenztraubensäure ist eine Phenylketonsäure; daher leitet sich die Bezeichnung *Phenylketonurie* ab. Für den muffigen, mäuse- oder pferdestallartigen Geruch des Harns ist die Phenylessigsäure verantwortlich.

Die Stoffwechselstörung verursacht eine Hirnschädigung, die einige Monate nach der Geburt beginnt und unbehandelt fast immer einen hochgradigen Schwachsinn zur Folge hat: *Phenylbrenztraubensäure-Schwachsinn* (metabolisch-genetischer Schwachsinn; Oligophrenia phenylpyruvica Fölling; Imbecilitas phenylpyruvica). Daneben treten auch neurologische Symptome auf (pyramidale und extrapyramidale Ausfälle) und Krampfanfälle.

Infolge sekundärer Enzymhemmungen durch die Anhäufung von Phenylalaninprodukten kommt es zu weiteren *Störungen im Tyrosin- und Tryptophan-Stoffwechsel*. Wegen des geringen Anfalls von Tyrosin aus Phenylalanin wird kein oder zu wenig *Melanin* bzw. Körperpigment gebildet, worauf sich die Pigmentarmut, d. h. die helle Haut- und Haarfarbe und die Blauäugigkeit bei Phenylketonurikern zurückführen lassen (s. unten: Albinismus). Warum die Stoffwechselstörung zur Schädigung des Gehirns und zu Schwachsinn führt ist noch ungeklärt. Manche Autoren nehmen eine direkte *toxische* Wirkung der Phenylbrenztraubensäure an. Hierfür spricht die Erfahrung, daß eine phenylalaninarme Ernährung die Stoffwechselstörung bessert und die Hirnentwicklung des Kindes günstig beeinflußt. Daher ist die *frühzeitige Diagnose* der Phenylketonurie äußerst wichtig, damit durch sofortige therapeutische Maßnahmen das Auftreten eines Schwachsinns verhindert werden kann. Die Behandlung erstreckt sich auf eine phenylalaninarme Ernährung mit eiweißarmen Nahrungsmitteln und Gaben von speziellen Eiweißhydrolysaten, die kein Phenylalanin enthalten.

Bei der Phenylketonurie ist auch der Umbau von Tryptophan in *Serotonin* (Hydroxytryptamin) gestört, das als wichtiger Bestandteil der Gehirnsubstanz erkannt worden ist und offenbar bei psychischen Vorgängen eine wesentliche Rolle spielt. Es ist daher auch denkbar, daß hierin die eigentliche Ursache des auftretenden Schwachsinns zu suchen ist.

Nachweismethoden für Phenylbrenztraubensäure und Phenylalanin

Eisenchlorid-Test im Harn (Ferrichlorid-Test). Zur Früherkennung der Phenylketonurie eignet sich der biochemische Nachweis der *Phenylbrenztraubensäure* mittels des von *Fölling* eingeführten *Ferrichlorid-Tests,* der ab der fünften bis sechsten Lebens*woche* positiv ausfällt. Zu 1 ml *Harn* werden 10 Tropfen einer 10 %igen Ferrichloridlösung gegeben. Bei Anwesenheit von Phenylbrenztraubensäure tritt nach wenigen Sekunden bis zu einer Minute eine *Grünfärbung* auf. Es gibt hierfür auch ein *Phenistrix* genanntes Testpapier.

Eisenchlorid-Windeltest. Da beim Säugling nicht ohne Mühe Harn gesammelt werden kann, ist der Eisenchlorid-Windeltest vorzuziehen. Hierbei läßt man etwas von der 10 %igen Eisenchloridlösung auf die feuchte Windel tröpfeln, so daß bei *positivem* Ausfall die Stelle sich tief *grün* verfärbt. Bei *negativem* Resultat tritt nur die gelbe Eigenfarbe der Eisenchloridlösung auf. Das Testpapier Phenistrix kann auch mit einem Spatel an eine feuchte Stelle der Windel gepreßt werden. Da der Eisenchlorid-Test nicht absolut spezifisch für die Phenylbrenztraubensäure ist, muß bei positivem Ausfall die Diagnose durch andere Untersuchungen bestätigt werden, z. B. durch den Nachweis der Phenylalaninvermehrung im Harn mittels der Papierchromatographie.

Guthrie-Test im Blut. Dieser Test dient zum Nachweis von *Phenylalanin* im Blut. 100 ml Blut enthalten normalerweise 1−2 mg Phenylalanin, während bei Phenylketonurikern bereits in den ersten 3−6 Lebens*tagen* der Phenylalaningehalt über die Normalwerte, mitunter bis zu 30−40 mg/100 ml Blut ansteigt. Es handelt sich um einen mikrobiologischen *Hemmtest,* der auf dem Prinzip beruht, daß Bacillus subtilis nur auf einem Nähragar wächst, wenn dem Nährboden Phenylalanin zugesetzt wird.

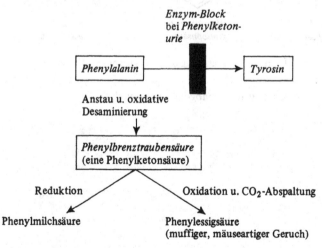

Abb. 23: Nebenweg bei Phenylketonurie

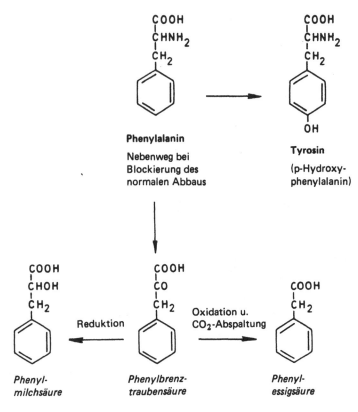

Phenylalanin

Nebenweg bei
Blockierung des
normalen Abbaus

Tyrosin

(p-Hydroxy-
phenylalanin)

Reduktion

Oxidation u.
CO$_2$-Abspaltung

*Phenyl-
milchsäure*

*Phenylbrenz-
traubensäure*

*Phenyl-
essigsäure*

Abb. 24: Chemische Formulierung des Phenylalanin-Stoffwechsels

2.2.2. *Alkaptonurie (Homogentisinsäureurie)*

Die *Alkaptonurie* ist wie die Phenylketonurie eine selten vorkommende *Erbkrankheit*, bei der durch einen recessiv vererbten *Enzymdefekt* eine *Blockierung* des Weiterabbaus von *Homogentisinsäure (HS)* zustande kommt.

Als Folge dieses Stoffwechselblocks häuft sich die HS im Harn und in anderen Körperflüssigkeiten an; durch Oxidation entstehen aus der farblosen HS *dunkelbraune* Umwandlungsprodukte, die früher *Alkapton* genannt wurden.

Pathogenese. Die Ursache der Blockierung des Weiterabbaus der HS liegt in einer Verminderung der Aktivität des als Homogentisinat-Oxidase bezeichneten Enzyms in der Leber. Dieses Enzym katalysiert zusammen mit Glutathion als Cofaktor den Weiterabbau der aus den Aminosäuren *Phenylalanin* und *Tyrosin* gebildeten HS.

Die Alkaptonurie gehört ebenso wie die Phenylketonurie zu den angeborenen *Enzymopathien* bzw. Enzymstörungen, die auf einem vererbten Enzymdefekt beruhen. Nach neueren Ansichten wird durch den Gendefekt nicht direkt eine Verminderung der Oxidasewirkung verursacht, sondern es bleibt primär die Aktivität des *Repressor-Gens* nach der Geburt erhalten; dieser Faktor hemmt die Synthese eines bestimmten Eiweißstoffes.

Als *Hauptmerkmal* der Alkaptonurie tritt im Harn in Gramm-Mengen (bis zu 25 g tgl.) *Homogentisinsäure (HS)* auf, die beim Verweilen an der Luft, besonders nach Zusatz von Lauge (Alkali) in *dunkelbraune* Oxidationsprodukte (= Alkapton)[*] übergeht. Der historische Name „Alkaptonurie" zur Bezeichnung dieser Stoffwechselstörung ist beibehalten worden, obwohl man besser von „Homogentisinsäureurie" sprechen sollte, entsprechend den Bezeichnungen Phenylketonurie, Cystinurie u. a.

Als Phenolabkömmling ist die HS *arthrotrop*. Daher reichern sich nach längerem Bestehen der Stoffwechselstörung die HS und ihre braunen Oxidationsprodukte im Knorpelgewebe an (Gelenkknorpel, Sehnen, Ohren-, Nasenknorpel, Finger- und Zehennägel, Skleren), wodurch es zu braunschwarzer Verfärbung (Ochronosepigment) und sekundär zu Schädigungen der Ablagerungsstellen kommt: *Ochronose*. Ablagerungen dieser Substanz kommen auch in den Herzklappen, sowie im Endo- und Myokard vor. Auch in diesen Geweben verursachen die Ablagerungen degenerative Prozesse.

Da die HS auch in Schweiß- und Talgdrüsen und in der Epidermis abgelagert wird, treten braune bzw. bläuliche Hautpigmentierungen auf. Die sekundär entzündlichen Gelenkveränderungen werden als *Arthritis alkaptonurica* (Arthrosis ochronotica) bezeichnet. Es treten auch Arthrosen der Schulter- und Kniegelenke auf, ferner Wirbelsäulenveränderungen mit hochgradiger Verschmälerung und Verkalkung der Zwischenwirbelscheiben. Oft bestehen Störungen der Harnentleerung (Dysurie) und Neigung zur Bildung von Harnsteinen.

Als klassische *Trias* der Alkaptonurie gilt:
Dunkler Harn, Arthritis und Hautpigmentation

---

[*] Alkapton abgeleitet vom gr. Alkali; hapto, d. h. reiße Alkali an mich

Chemie und Biochemie der Homogentisinsäure (HS). Die HS ist ein Chinonderivat, nämlich eine *Hydrochinonessigsäure* (2,5-Dihydroxy-phenylessigsäure). Der Name *Homo-Gentisinsäure* leitet sich davon ab, daß sie ein Abkömmling (Homologes) der *Gentisinsäure* ist (Hydrochinonameisensäure; 2,5-Dihydroxy-phenylameisensäure; 2,5-Dihydroxy-benzoesäure; s. unten chemische Formeln in Abb. 26).

Die HS zeigt im Harn ein sehr starkes *Reduktionsvermögen* und gibt schon in der Kälte eine *positive Trommersche* und *Fehlingsche Probe*, wodurch eine Zuckerausscheidung vorgetäuscht werden kann. *Nylander*s Reagens wird durch HS *nicht* reduziert. Die HS besitzt keine optische Aktivität. Der HS enthaltende *Harn* färbt sich an der Luft vor allem nach Zugabe von Lauge stark *dunkelbraun*, wobei sich Oxidationsprodukte bilden. Dies erklärt das Auftreten von dunkelbraunen Flecken in der Leibwäsche beim Waschen, die sich durch H_2O_2 entfernen lassen. Mit Eisenchloridlösung verfärbt sich der Harn blaugrün.

Die Alkaptonurie spielt in mehrfacher Hinsicht in der Wissenschaft eine besondere Rolle: Nach vielen Stoffwechselversuchen an Alkaptonurikern mit Verfütterung der verschiedenen Aminosäuren erhielt *O. Neubauer* (1909) in München die Grundlage für die Aufstellung des Abbauweges der oxidativen Desaminierung der Aminosäuren. Außerdem war die Alkaptonurie ein geeignetes Modell zum Studium der Erbkrankheiten. An ihrem Erbgang konnte die Gültigkeit der Mendelschen Gesetze am Menschen nachgewiesen werden.

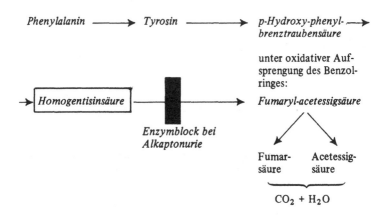

Abb. 25: Enzymblock bei Alkaptonurie

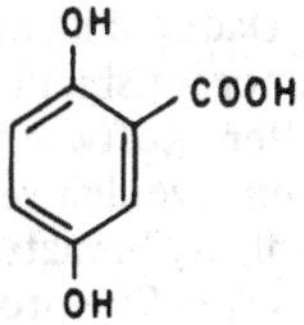

Gentisinsäure
(Hydrochinon-ameisensäure;
2,5-Dihydroxy-phenylameisensäure)

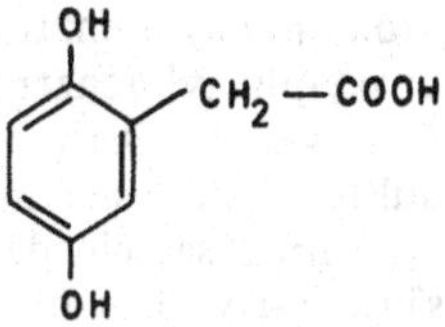

Homogentisinsäure
(Hydrochinon-essigsäure;
2,5-Dihydroxy-phenylessigsäure)

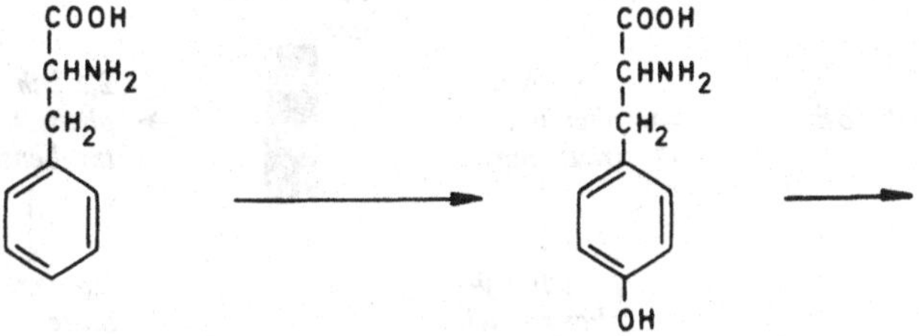

Phenylalanin

Tyrosin

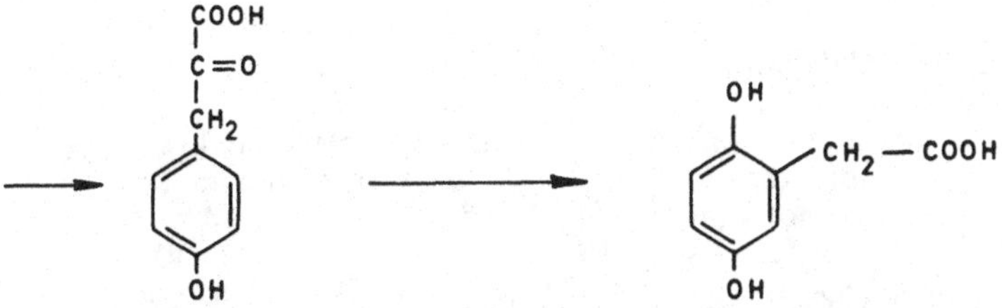

**p-Hydroxyphenylbrenztrauben-
säure**

Homogentisinsäure
(2,5-Dihydroxy-phenylessigsäure)

Abb. 26: Chemische Formulierung der Bildung von Homogentisinsäure

2.2.3. Tyrosinose

Bei dieser äußerst seltenen, auch genetisch bedingten Stoffwechselstörung liegt ebenfalls ein *Enzymblock* vor. Die Blockierung liegt
im Abbauweg des Tyrosins an der Stelle zwischen p-Hydroxy-phe-
nylbrenztraubensäure und 2,5-Dihydroxy-phenylbrenztraubensäure
(s. Schema in Abb. 27). Es fällt die Aktivität des Enzyms p-Hy-

droxy-phenylbrenztraubensäure-oxidase aus. Dadurch kann p-Hy-droxy-phenylbrenztraubensäure nicht zu Homogentisinsäure oxi-diert werden. Die vor dem Block angesammelten Stoffwechselpro-dukte reichern sich in Blut und Geweben an und werden vermehrt im Harn ausgeschieden: Tyrosin, p-Hydroxy-phenylbrenztrauben-säure, p-Hydroxy-phenylmilchsäure. An klinischen Symptomen ste-hen im Vordergrund: Tubuläre Nephropathie mit Aminoacidurie und Glucosurie, Lebercirrhose, Hepatosplenomegalie und Vitamin D-resistente Rachitis.

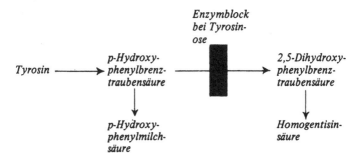

Abb. 27: Enzymblock bei Tyrosinose

2.2.4. Albinismus

Der *Albinismus* ist eine recessiv autosomal vererbte Stoffwechselstörung, bei der die Aktivität des Enzyms *Tyrosinase* (= Melanin-bildende Phenol-Oxidase) in den Melanocyten fehlt. Dieses Enzym ist für die Bildung von *Körperpigmenten (Melaninen)* unbedingt erforder-lich. Der Albinismus ist klinisch durch einen Mangel an Körperpigmenten in Haut, Haaren und Iris gekenn-zeichnet.

Die Körperpigmente (Melanine) entstehen auf einem Nebenweg des *Tyrosin-Stoffwechsels*. Es gibt eine Reihe von *Phenol-Oxidasen* (Phenolasen) von denen beim Albinismus speziell die kupferhaltige *Tyrosinase*, d. h. die Melanin-bildende Phenol-Oxidase fehlt. Die-ses Enzym katalysiert die Umwandlung von Tyrosin in das *Dopa* (3,4-Dihydroxy-phenylalanin) und dessen Oxidation zum *Dopa-chinon*. Durch weitere Folgereaktionen (Ringschluß zum Indol und Bildung von Indolchinon) entsteht ohne Enzymkatalyse als Poly-merisationsprodukt braunschwarzes *Melanin*.

48

Da eine Hydroxylase die 1. Stufe der Umwandlung vom Tyrosin zum Dopa auch katalysiert, tritt beim Albinismus, d. h. beim Fehlen der Tyrosinasewirkung die Enzymblockierung nur bei der 2. Stufe der oxidativen Umwandlung von Dopa zum Dopa-Chinon auf (s. Schema in Abb. 30). Je nach dem Grad und Ort der Pigmentstörung tritt das klinische Bild des Albinismus verschieden stark in Erscheinung. Der Pigmentmangel findet sich in Haut, Haaren und in der Iris (Regenbogenhaut). Als Folge eines hochgradigen Pigmentmangels in der Iris besteht *Lichtscheu* und meist auch eine Schwachsichtigkeit. Herdförmige Depigmentierungen der Haut (Vitiligo) werden *nicht* auf den erblichen Albinismus, sondern auf vegetativ-nervöse Ernährungsstörungen der Haut zurückgeführt.

In diesem Zusammenhang sei erwähnt, daß *Tyrosin* und *Dopa* insofern im Stoffwechsel eine Schlüsselstellung einnehmen als aus ihnen außer Melaninen auch die phenolartigen Hormone Noradrenalin, Adrenalin und Thyroxin gebildet werden (s. Abb. 29). Aus *Tyrosin* entstehen durch Jodierung und Kondensation die Schilddrüsenhormone Thyroxin (Tetrajod-thyronin) und Trijod-thyronin und aus *Dopa* über sein Decarboxylierungsprodukt Dopamin (Hydroxytyramin) die Nebennierenmarkhormone Noradrenalin und Adrenalin (Epinephrin).

Die Bildung von Melaninen wird von dem *Chromatophorenhormon* (Melanotropin) des Hypophysenmittellappens (Pars intermedia) angeregt, ebenso auch vom *Corticotropin* (ACTH) des Hypophysenvorderlappens (HVL). Die im Verlauf einer Nebennierenrinden-Insuffizienz bei *Addisonscher Krankheit* oder bei *Addisonismus* auftretende starke Hautpigmentierung wird auf eine gesteigerte ACTH-Produktion des HVL zurückgeführt. Auch die Hyperpigmentation bei Überfunktion der *Schilddrüse* und während der *Schwangerschaft* hängen mit Störungen des Melanophorenhormons zusammen.

Im Gegensatz zum Albinismus kommen auch Überproduktionen von *Melaninen* vor, wie dies bei den *Melanomen* der Fall ist. Hierbei werden farblose Vorstufen als Melanogene im Harn ausgeschieden, die sich an der Luft dunkel färben: *Melanogenurie; Melaninurie*. Die Melanine geben mit Nitroprussidnatrium eine *Blau*färbung. Bei Vergiftungen mit Phenol (Carbolsäure) und mit Lysol (Lösung von Kresolen) werden auch Melanogene im Harn ausgeschieden. Es ist ferner zu beachten, daß nach reichlichem Genuß von Karotten die Nitroprussidnatrium-Rekation auch positiv ausfallen kann. Der *Naevus pigmentosus* ist eine meist auf erblicher Anlage beruhende umschriebene, gutartige Geschwulstbildung, die durch Einlagerung von Melanin stark gefärbt ist.

Für die Umwandlung von Dopa in die Transmittersubstanz

Dopamin ist die Dopa-Decarboxylase notwendig. Ein *Dopamangel* spielt bei der *Parkinsonerkrankung* eine Rolle. Zur Behandlung dieser Krankheit wird ein neues kombiniertes Therapieprinzip angewendet: Man gibt Dopa zusammen mit einem Decarboxylase-Hemmer (Enzym-Inhibitor) namens „Benserazid", um eine vorzeitige Umwandlung von Dopa durch die in der Körperperipherie befindliche Decarboxylase zu verhindern. Auf diese Weise gelangt mehr Dopa ins Gehirn als bei einer Verabfolgung von Dopa ohne den Decarboxylase-Inhibitor (Abb. 30).

*Enzymblock bei
Albinismus*

Tyrosin ⟶ Dopa ⟶ █ ⟶ Dopachinon ⟶ Indolchinon ⟶ *Melanin*

Abb. 28: Enzymblock bei Albinismus

Tyrosin ⟶ *Dopa*
⟶ Dopachinon ⟶ Indolchinon ⟶ *Melanin*
⟶ Dopamin ⟶ *Nor-Adrenalin* ⟶ *Adrenalin*
⟶ *Thyroxin* und *Trijod-thyronin*

Schilddrüsenhormone

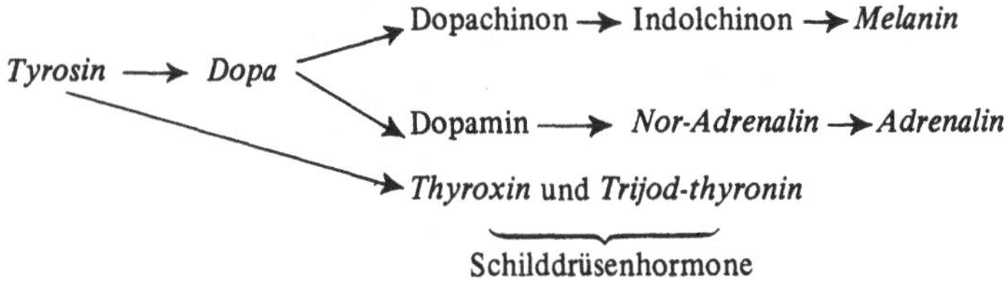

Abb. 29: Schlüsselstellung von Tyrosin und Dopa im Stoffwechsel (Bildung von Melanin, Nor-Adrenalin, Adrenalin und Thyroxin)

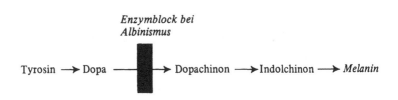

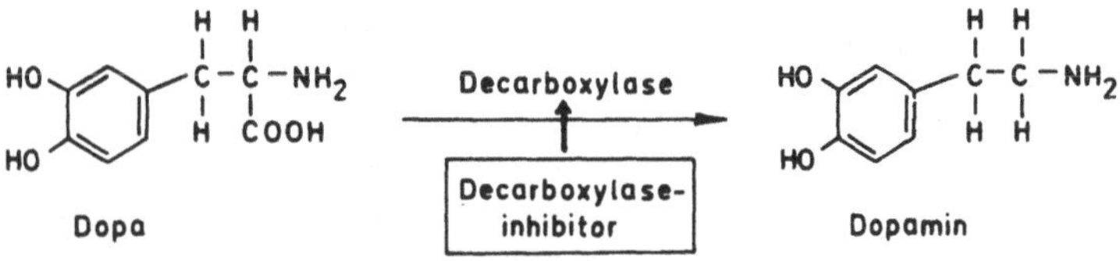

Abb. 30: Umwandlung von Dopa in Dopamin

50

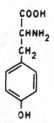

Tyrosin
(p-Hydroxy-phenylalanin)

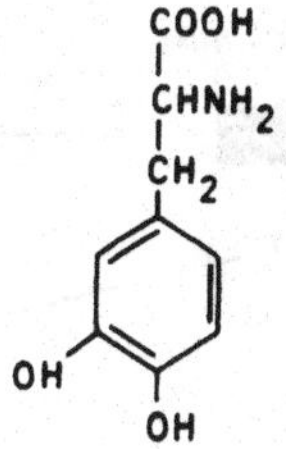

Dopa
(3,4-Dihydroxy-phenylalanin)

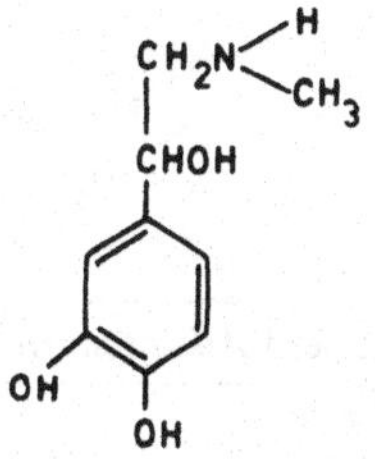

Adrenalin
(3,4-Dihydroxy-phenyläthanol-
methylamin oder Methylamino-
äthanol-brenzcatechin)

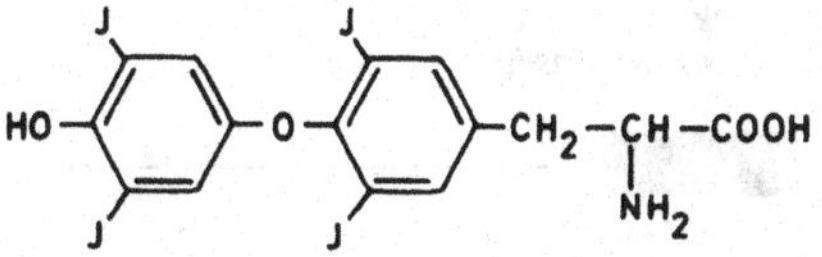

Thyroxin
(Tetrajod-thyronin)

Abb. 31: Chemische Formulierungen von Tyrosin, Dopa, Adrenalin und
Thyroxin

51

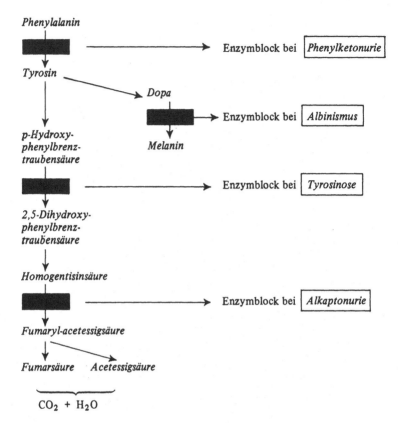

Abb. 32: Zusammenstellung der Stoffwechselblockierungen im Abbau von Phenylalanin und Tyrosin

2.2.5. Cystinurie und Cystinose

Es gibt verschiedene Arten von Störungen im Stoffwechsel der schwefelhaltigen Aminosäure Cystin, die als *Cystinurie* und *Cystinose* bezeichnet werden. Diese Störungen rechnet man auch zu den renalen Hyperaminoacidurien.

a) *Klassische Cystinurie*. Es handelt sich um ein autosomal recessives Erbleiden mit vermehrter Ausscheidung von *Cystin, Lysin* und *Arginin* (auch Ornithin) im Harn. Die Erkrankung gehört zu den kombinierten Hyperaminoacidurien und wird besser Cystin-Lysin-

Arginin-Urie genannt. Die Störung betrifft die Diaminosäuren, zu denen man auch das Cystin rechnen darf. Im Harn treten auch die Amine Putrescin und Cadaverin auf. Sie stellen Decarboxylierungsprodukte dar, die im Darm durch bakteriellen Abbau von Ornithin und Lysin entstehen.

Der Krankheit liegt eine Störung der Rückresorption dieser Aminosäuren (AS) im proximalen Tubulusapparat der *Niere* und gleichzeitig eine Störung der Resorption (Malabsorption) im *Darm* zugrunde. Wahrscheinlich handelt es sich um *Enzymblockierungen*, die zu der Störung des Transportsystems führen. Der Plasmaspiegel dieser AS ist *nicht* erhöht, sondern eher vermindert, aber im *Harn* ist die Konzentration der genannten AS, vor allem des Cystins hoch. Zu einer Ablagerung von Cystin in den Geweben der Organe kommt es *nicht*. Da Cystin schwer löslich ist, besonders im *sauren* Harn, können sich in den Harnwegen *Cystingries* und *Cystinsteine* bilden (Nierensteine; Uretersteine; Blasensteine). Bei der Behandlung muß berücksichtigt werden, daß der Harn *alkalisch* gehalten wird (alkalische Wässer; alkalische Kost).

b) *Cystinose* (Cystin-Speicherkrankheit). Diese wahrscheinlich autosomal recessive Erbkrankheit geht mit einer Speicherung von Cystin, insbesondere im reticulo-endothelialen Gewebe von Organen einher. Daneben bestehen auch eine renale Glucosurie und eine Hyperphosphaturie.

Bei dieser Erkrankung ist *primär* der Cystinstoffwechsel gestört und *sekundär* kommt es durch die abgelagerten Cystinkristalle in den Nierenepithelien zu einer Erkrankung der Niere mit Insuffizienz des Tubulusapparates.

Das *Fanconi-Syndrom* mit Cystinurie stellt die *infantile Form* der Cystin-Speicherkrankheit dar. Die Erkrankung läßt sich durch Nachweis von Cystinspeicherungen in Knochenmark, Cornea, Conjunktiven, Milz und Lymphknoten erfassen. Als Folge der Hyperphosphaturie geht die Erkrankung mit einer Vitamin-D-resistenten *Rachitis* einher. Da bei der *Erwachsenen-Form* des Fanconi-Syndroms die Cystinspeicherung *fehlt*, wird angenommen, daß hier die Nierenstörung bereits *primär* vorliegt. Als Folge der Hyperphosphaturie steht bei dieser Form eine *Osteomalacie* im Vordergrund.

c) *Homocystinurie*. Bei dieser angeborenen Störung ist die Synthese von Cystein und Cystin in der Leber aus Homocystein und Serin blockiert. Es fehlt die Aktivität der Cystathionin-Synthetase. Dadurch kommt es zur Ansammlung von Homocystein, in zweiter Hinsicht auch zum Rückstau und zum Fehlen von Cystathionin und Cystein. Das Cystathionin scheint eine Schlüsselfunktion bei der Gehirnentwicklung zu spielen.

Die Erkrankung führt zu einem Linsen-Katarakt oder einem Glaukom. Weiter sind thromboembolische Komplikationen, Skelettanomalien (z. B. Kyphoskoliose; Osteoporose) und Hirnschädigungen mit späterem Schwachsinn zu erwarten.

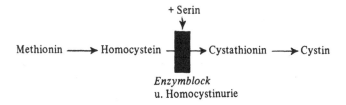

Abb. 33: Enzymblock bei Homocystinurie

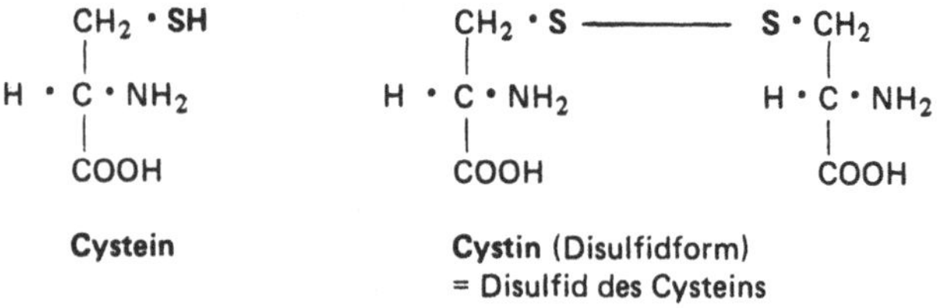

CH₂ · SH — see below

Cystein

Cystin (Disulfidform)
= Disulfid des Cysteins

Abb. 34: Chemische Formulierungen von Cystein und Cystin

2.2.6. Hartnup-Krankheit

Bei dieser erblichen Stoffwechselstörung findet man in Verbindung mit einer Aminoacidurie pellagraähnliche Hauterscheinungen mit Photosensibilität, cerebellaren Symptomen (Ataxie) und Schwachsinn mäßigen Grades. Es werden 2 Typen unterschieden: Bei der einen Form ist die *tubuläre Rückresorption* der Niere für verschiedene Aminosäuren unzureichend, bei der anderen Form handelt es sich um *enterale Resorptionsstörungen* (Malabsorptions-Syndrom) für *Tryptophan*, dessen bakterieller Abbau im Darm zu renaler Ausscheidung von Indikan, Indolessigsäure und anderer Umwandlungsprodukte führt.

2.2.7. Ahorn-Sirup-Krankheit (Leucinose)

Diese autosomal recessiv vererbbare Enzymopathie beruht auch auf einem *Enzymdefekt*, der den Abbau der α-*Ketonsäuren* der verzweigtkettigen Aminosäuren Leucin, Isoleucin und Valin blockiert, so daß diese im Harn in großen Mengen ausgeschieden werden. Es handelt sich um eine mit neurologischen Symptomen einhergehende meist tödlich verlaufende Störung, die junge Säuglinge befällt. Wegen des eigentümlichen Harngeruchs (wie Sirup des maple sugar-Baumes) hat die Krankheit den Namen „Ahorn-Sirup-Urin-Krankheit" (maple syrup urine disease) erhalten. Für den charakteristischen Geruch des Harns ist offenbar vor allem das Isoleucin und dessen α-Ketonsäure verantwortlich.

$$\text{Leucin} \longrightarrow \text{Iminosäure} \longrightarrow \text{Ketosäure} \quad \frac{\text{Decarboxylisierung}}{Enzymblock} \quad \blacksquare \longrightarrow \text{Fettsäure}$$

Abb. 35: Enzymblock bei der Ahorn-Sirup-Krankheit (Leucinose)

2.2.8. Störungen im Ornithinzyklus (Harnstoffzyklus)

Das bei der Desaminierung der Aminosäuren im Eiweißstoffwechsel anfallende Ammoniak wirkt schon in geringer Menge als Zellgift. Es muß deshalb rasch entgiftet und ausgeschieden werden. Der größte Teil des Ammoniaks wird in einer als Ornithin- oder Harnstoffzyklus bezeichneten Reaktionsfolge zu *Harnstoff* verarbeitet und nur ein kleiner Teil wird wieder zum Aufbau von Aminoverbindungen verwendet. Die summarische Gleichung des unter Zufuhr von Energie, d. h. endergonisch ablaufenden Reaktionszyklus zur Bildung von Harnstoff lautet:

$$2\,NH_3 + CO_2 \longrightarrow O{=}C{\Big\langle}{}^{NH_2}_{NH_2} + H_2O$$

Harnstoff

Abb. 36: Summarische Gleichung der Harnstoffbildung

Zur Harnstoffbildung läuft ein Kreisprozeß von biochemischen Reaktionen ab, wie er in Abb. 39 dargestellt ist. Zuerst wird in der 1. Stufe aus NH_3 und CO_2 unter Mithilfe von ATP (Adenosintriphosphat) ein energiereiches *Carbamylphosphat* gebildet. Dieses

55

reagiert in einer 2. Stufe mit der endständigen Aminogruppe des *Ornithins* zur Bildung von *Citrullin* (Ureido-Aminovaleriansäure; eine Harnstoffverbindung der Valeriansäure). Schließlich entstehen in weiteren Stufen als Zwischenprodukte *Arginin-Bernsteinsäure* und *Arginin*, das mit Hilfe des Enzyms *Arginase* in *Harnstoff* und *Ornithin* aufgespalten wird. Das Ornithin kann wiederum in den biochemischen Kreisprozeß eingeschaltet werden.

Folgende genetisch bedingte *Störungen im Ornithinzyklus* sind bekannt:

a) *Arginin-Bernsteinsäure-Blockierung.* Es liegt ein Mangel des Enzyms Arginino-succinase vor, das normalerweise in Erythrocyten zu finden ist. Der Enzymmangel verursacht einen Enzymblock im Ornithinzyklus mit Anstauung von Arginin-Bernsteinsäure, die sich im Harn, Plasma und vor allem im Liquor cerebrospinalis nachweisen läßt. Die klinischen Folgen der Störung sind ein Rückstand in der geistigen Entwicklung (Schwachsinn) und Krampfanfälle mit Ataxie.

b) Bei der *Citrullinurie* ist der Umbau von Citrullin in Arginin-Bernsteinsäure – unter Zutritt von Asparaginsäure und Mitwirkung einer Synthetase – blockiert. Es besteht ein Mangel an Arginin-Bernsteinsäure-Synthetase. Citrullin tritt im Harn, Plasma und Liquor cerebrospinalis auf. Die Harnstoffsynthese ist ebenso wie bei der Arginin-Bernsteinsäure-Blockierung nicht konstant eingeschränkt. Klinisch bestehen Zeichen einer geistigen und körperlichen Behinderung.

c) Die *Störung der Citrullinsynthese* kann zu einer *Hyperammonämie* führen, wobei entweder die Aktivität der Carbamylphosphatase oder der Ornithincarbamyltransferase fehlt. Die Harnstoffbildung ist hierbei offenbar nicht erheblich gestört. Die klinischen Folgeerscheinungen bestehen in einer Hirn-, Leber- und tubulären Nierenschädigung.

Durch Vervollkommnung der Untersuchungsmethoden werden immer wieder neue, genetisch bedingte Störungen im Aminosäuren-Stoffwechsel aufgefunden. Außer den bereits oben beschriebenen Anomalien kennt man noch folgende Störungen: Die *Abbaustörungen von Histidin* mit Histidinämie, die Störungen im *Tryptophanstoffwechsel* und im *Prolin-* und *Hydroxyprolinabbau* mit Hyperprolinämie. Auch der *Kretinismus* und das *Myxödem* lassen sich wahrscheinlich auf Störungen im Aminosäuren-Stoffwechsel zurückführen. Möglicherweise gehören auch *schizophrene Krankheitsbilder* in diese Gruppe von Störungen.

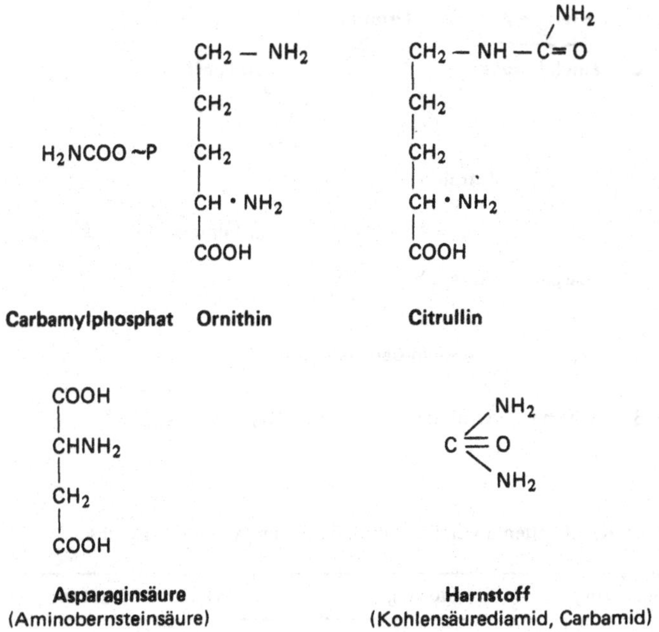

$$\begin{array}{ll}
CH_2 - NH_2 \\
| \\
CH_2 \\
H_2NCOO\sim P \quad CH_2 \\
| \\
CH \cdot NH_2 \\
| \\
COOH
\end{array}$$

$$\begin{array}{l}
\qquad\qquad\quad NH_2 \\
\qquad\qquad\quad | \\
CH_2 - NH - C = O \\
| \\
CH_2 \\
| \\
CH_2 \\
| \\
CH \cdot NH_2 \\
| \\
COOH
\end{array}$$

Carbamylphosphat Ornithin   **Citrullin**

$$\begin{array}{l}
COOH \\
| \\
CHNH_2 \\
| \\
CH_2 \\
| \\
COOH
\end{array}$$

$$C \overset{NH_2}{\underset{NH_2}{\Large\Leftarrow}} O$$

Asparaginsäure   **Harnstoff**
(Aminobernsteinsäure)   (Kohlensäurediamid, Carbamid)

Abb. 37: Chemische Formeln von Carbamylphosphat, Ornithin, Citrullin,
Asparaginsäure und Harnstoff

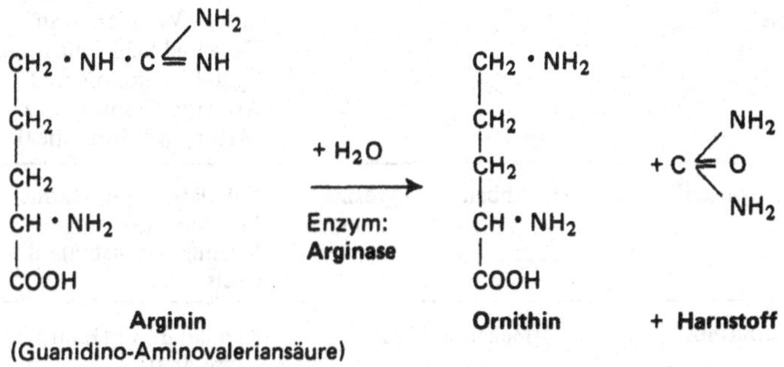

$$\begin{array}{l}
\qquad\qquad NH_2 \\
\qquad\qquad \nearrow \\
CH_2 \cdot NH \cdot C \overset{}{\Leftarrow} NH \\
| \\
CH_2 \\
| \\
CH_2 \\
| \\
CH \cdot NH_2 \\
| \\
COOH
\end{array}$$

$$\xrightarrow[\substack{\text{Enzym:}\\ \textbf{Arginase}}]{+ H_2O}$$

$$\begin{array}{l}
CH_2 \cdot NH_2 \\
| \\
CH_2 \\
| \\
CH_2 \\
| \\
CH \cdot NH_2 \\
| \\
COOH
\end{array}$$

$$+ C \overset{NH_2}{\underset{NH_2}{\Large\Leftarrow}} O$$

Arginin   **Ornithin**   **+ Harnstoff**
(Guanidino-Aminovaleriansäure)

Abb. 38: Aufspaltung von Arginin in Ornithin und Harnstoff

57

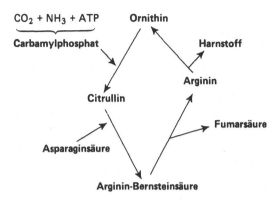

Abb. 39: Schema des Ornithin- bzw. Harnstoffzyklus

Tab. 4: Krankheiten durch Störungen im Aminosäuren-Stoffwechsel

Bezeichnung	Störung	Klinische Symptome
Phenylketonurie (Föllingsche Krankheit)	Abbau des Phenylalanins	Schwachsinn (Oligophrenie); Neurologische Symptome Krampfanfälle; Pigmentarmut
Alkaptonurie (Homogentisinsäureurie)	Abbau der Homogentisinsäure	Dunkler Harn (Ausscheidung von Homogentisinsäure), Verfärbung an Haut und Schleimhäuten. Später Ochronose und Arthritis alkaptonurica (Arthrosis ochronotica)
Tyrosinose	Abbau des Tyrosins	Tubuläre Nephropathie; Lebercirrhose; Vitamin D-resistente Rachitis
Albinismus	Melaninbildung	Pigmentarmut (Haut, Haare, Iris); Abnorme Lichtempfindlichkeit

Bezeichnung	Störung	Klinische Symptome
Cystinurie (Cystin-Lysin-Arginin-Urie)	Resorption im Darm und Rückresorption im Tubulusapparat der Niere	Cystinsteine Urolithiasis
Cystinose	primär: Störung des Cystinstoffwechsels (Reduktion des Cystins?) sekundär: Insuffizienz des Tubulusapparates der Niere	Cystin-Speicherung (Cystin-Speicher-Krankheit) Cystinablagerungen
Fanconi-Syndrom mit Cystinurie	Infantile Form der Cystinose Erwachsenen-Form ohne Cystinspeicherung	
Homocystinurie	Synthese von Cystein und Cystin aus Homocystein und Serin in der Leber	Linsen-Katarakt; Osteoporose; Schwachsinn
Hartnup-Krankheit	Typ 1: Tubuläre Rückresorption der Niere für verschiedene Aminosäuren; Type 2: Enterale Resorption für Tryptophan (Malabsorptions-Syndrom)	Pellagraähnliche Hautveränderungen; Aminoacidurie; cerebellare Symptome (Ataxie)
Ahorn-Sirup-Krankheit (Leucinose)	Weiterabbau der verzweigtkettigen Aminosäuren (Valin, Leucin, Isoleucin)	Aminoacidurie; neurologische Symptome
Störungen im Ornithin-bzw. Harnstoffzyklus	a) Arginin-Bernsteinsäure-Blockierung. Anstau von Arginin-Bernsteinsäure	Schwachsinn; Krampfanfälle mit Ataxie
	b) Citrullinurie. Umbau von Citrullin in Arginin-Bernsteinsäure gestört	Geistige und körperliche Rückständigkeit
	c) Störung der Citrullinsynthese	Gehirn-, Leber- und Nierenschädigung

3. Störungen des Kreatin-Stoffwechsels

3.1. Kreatin-Stoffwechsel

Kreatin steht in enger Beziehung zu dem Aminosäuren-Stoffwechsel, denn an der Synthese des Kreatins in der Leber sind bestimmte Aminosäuren beteiligt, nämlich Glycin (Glykokoll), Arginin und Methionin. Diese Begebenheit berechtigt dazu, im Anschluß an die Störungen des Aminosäuren-Stoffwechsels auf die Verhältnisse des Kreatins einzugehen.

Dem Kreatin kommt im Stoffwechselgeschehen eine besondere Bedeutung zu, weil die bei der Verbrennung von Kohlenhydraten freiwerdende Energie in energiereiches *Kreatinphosphat* (Phosphagen, Phosphokreatin) neben Adenosintriphosphat (ATP) gespeichert werden kann. Über diese Phosphatverbindungen wird den energieverbrauchenden Prozessen vor allem in der Muskulatur Energie zugeführt. Der größte Teil des Körperkreatins (95 %) ist in der Skelettmuskulatur vorhanden, wo es zu Kreatinphosphat als Energielieferant für die Muskelkontraktion aufgebaut wird. Das Kreatin wird in das Anhydrid *Kreatinin* (s. Formel) verwandelt. Dieses verläßt die Muskeln und wird im Harn ausgeschieden. Die Tagesmenge an Kreatinin hängt von der Masse der intakten und tätigen Muskulatur ab. Der gesunde Mann scheidet ca. 2 g/pro Tag aus, die Frau 1,5 g/pro Tag. Kreatin wird normalerweise beim gesunden Mann überhaupt nicht, bei der Frau während der Menstruation in kleinen Mengen ausgeschieden. Säuglinge scheiden etwa gleichviel Kreatin und Kreatinin aus.

Kreatin ist die einzige Stoffwechselquelle für *endogenes Kreatinin*. Die Hauptquelle für *exogenes Kreatinin* ist das mit der Nahrung zugeführte Fleisch. Im Hungerzustand sowie unter Kreatin- und Kreatinin-freier Ernährung zeigt sich ein Absinken der Kreatininausscheidung im Harn. Während körperlicher Arbeit steigt der Serumkreatininspiegel an und die Kreatininausscheidung im Harn fällt ab. Anschließend an eine körperliche Belastung steigt die Kreatininausscheidung wieder an und die Ruhewerte können überschritten werden. Die Ursache für dieses Verhalten liegt einerseits in der Beschleunigung des Muskelstoffwechsels und andererseits in der Abnahme der glomerulären Filtration während stärkerer körperlicher Betätigung und der nachfolgenden Ausscheidung des retinierten Kreatinins.

Kreatinin als Clearance-Stoff. Eine besondere Bedeutung hat das Kreatinin wegen der Einfachheit der Bestimmung in der klinischen Diagnostik zur Überprüfung der Nierenfunktion, genauer gesagt, der glomerulären Filtration. Zwischen der Höhe des Kreatinwertes im Plasma bzw. Serum und der Nierenfiltration besteht eine konstante Beziehung, d. h. Verminderungen des Glomerulumfiltrates sind mit einem Ansteigen des Kreatinwertes im Serum verbunden. Krankhaft erhöhte Serum-Kreatininwerte lassen auf eine *verminderte glomeruläre Filtration* schließen.

Bei der *Clearance-Methode* werden die geschilderten Verhältnisse in quantitativer Richtung erfaßt. Man versteht unter *Clearance* dasjenige Blutplasmavolumen, das in einer Zeiteinheit (1 Min.) durch die Nierentätigkeit von einer bestimmten Substanz befreit wird (Clearance = Reinigung; Entharnungsvermögen). Die Clearance-Methode besteht aus der quantitativen Bestimmung der Konzentrationen im Blut und im Harn einzelner harnpflichtiger Stoffe. Die erhaltenen Werte werden rechnerisch in bestimmter Weise miteinander in Beziehung gebracht. Es resultiert der im Harn ausgeschiedene Anteil des im Glomerulumfiltrat vorhandenen Stoffes. Als Clearance-Substanzen eignen sich *nur* solche Stoffe, die durch Glomerulumfiltration ausgeschieden und *nur* durch Wasserrückresorption im Tubulusapparat konzentriert werden. Zu diesen Stoffen zählt u. a. das Kreatinin.

3.2. Störungen des Kreatin-Stoffwechsels

Störungen des Kreatin-Stoffwechsels finden sich allgemein bei *Muskeldystrophien*, bei denen die Muskelmasse vermindert ist. Das überschüssige Kreatin wird im Harn als Kreatinin in vermehrter Menge ausgeschieden, d. h. es kommt zu einer starken *Kreatin- bzw. Kreatininurie*. Diese ist jedoch unspezifisch, denn sie kommt auch bei neurogenen Muskelatrophien, bei Poliomyelitis, Paraplegie und Inaktivitätsatrophie vor. Die Kreatinurie hängt auch von der Nahrung ab; sie wird durch Zufuhr von Glycin (Glykokoll) und anderen Stoffen, sowie bei Hyperthyreose verstärkt. Es ist demnach nicht erwiesen, daß die Muskeldystrophie auf einer Störung des Kreatin-Stoffwechsels beruht.

Im Anschluß an den Kreatinstoffwechsel bei Muskeldystrophien wird gleichzeitig auch das *Enzymverhalten* erwähnt. Man findet bei Muskeldystrophien eine Erhöhung bestimmter Enzyme im Serum wie Adolase, Phosphohexoisomerase, Transaminasen (SGOT, SGPT), Lactatdehydrogenase und Kreatinphosphokinase. Am spezifischsten für die primären erblichen Myopathien ist die Vermehrung der *Serumkreatinphosphokinase*, die am stärksten bis auf das Hundertfache des Normalwertes erhöht sein kann. Hervorzuheben ist noch, daß mehr als die Hälfte der Mütter von an Muskeldystrophie erkrankten Kinder erhöhte Serumenzyme (Kreatinkinase und Aldolase) aufweisen, obwohl sie klinisch gesund sind.

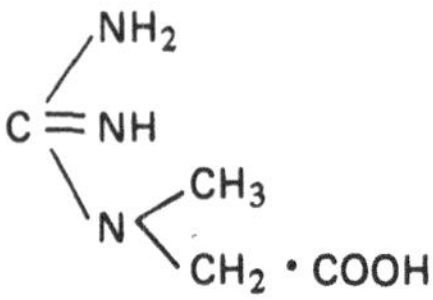

Kreatin
(Methyguanidin-
essigsäure)
— ein Guanidin-
abkömmling

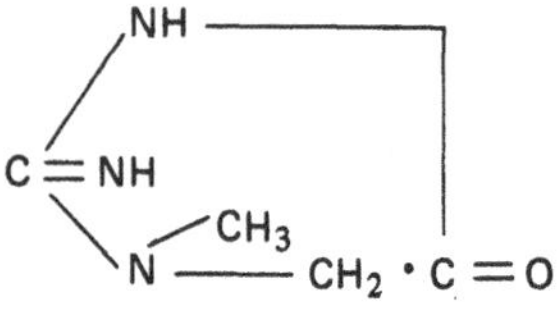

Kreatinin
Anhydrid des
Kreatins

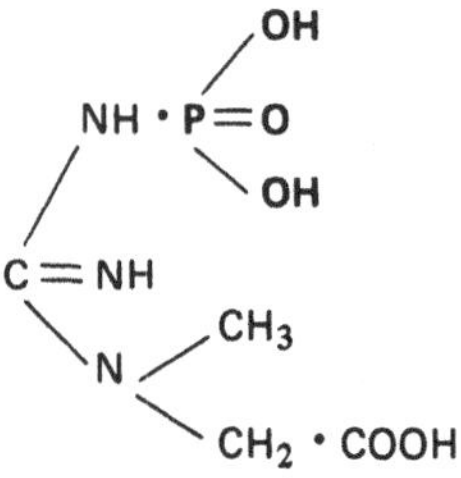

Kreatinphosphorsäure
(Kreatinphosphat)

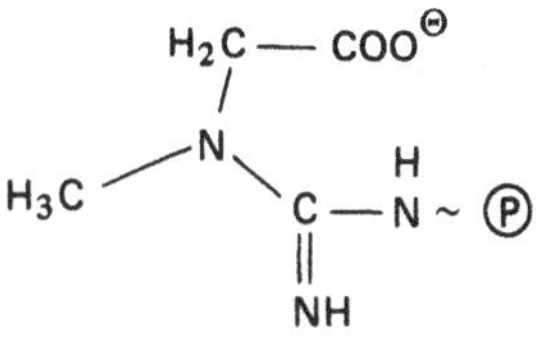

Kreatinphosphorsäure
(andere Schreibweise)

Abb. 40: Chemische Formulierungen von Kreatin, Kreatinin und Kreatinphosphat

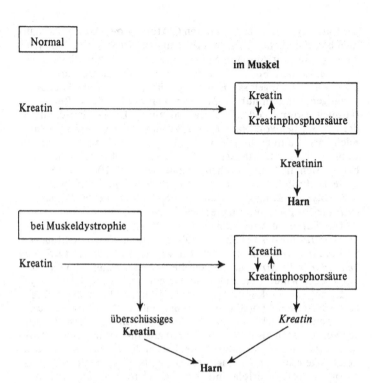

Abb. 41: Normaler Kreatinstoffwechsel und bei Muskeldystrophie

4. Störungen des Eiweiß-Stoffwechsels

4.1. Einführung

Die Eiweißstoffe (Proteine) bauen sich aus Aminosäuren (AS) auf und je nach dem veränderlichen Anteil der verschiedenen AS, nach ihrer Reihenfolge (Sequenz), der räumlichen Struktur der Eiweißmoleküle und schließlich nach den an das Eiweiß gebundenen prosthetischen Gruppen werden die chemischen, biochemischen, physiologischen und physikalischen Eigenschaften der Eiweißstoffe bestimmt. Alle im Eiweiß vorkommenden AS sind α-Aminosäuren, d. h. sie enthalten mindestens eine Aminogruppe an einem der Carboxylgruppe benachbarten C-Atom (= α-C-Atom). Ausnahmen bestehen beim β-Alanin, Prolin und Hydroxyprolin. Von jeder Aminosäure (mit Ausnahme des Glycins bzw. Glykokolls) existieren zwei isomere Formen, die der L- bzw. D-Reihe angehören. Diese Bezeichnungen sagen nichts aus über das optische Drehungsvermögen, sondern nur die Zugehörigkeit zur L- oder D-Reihe (abgeleitet vom L- oder D-Glycerinaldehyd). Die in Eiweißstoffen der Organismen vorkommenden AS gehören der L-Reihe an. Zahlreiche AS – durchschnittlich etwa 300 – sind am Aufbau eines Eiweißmoleküls beteiligt. Bei den Proteinen der lebenden Zellen bewegt sich die Zahl zwischen 50 und mehreren 1000. Zur Synthese des Proteinmoleküls werden nach dem *Peptidprinzip* zunächst über Polypeptide lange Ketten von AS gebildet, die der *Primärstruktur* der Proteine entsprechen.

Die räumliche Anordnung dieser Kettenmoleküle führt zur *Sekundärstruktur* des Eiweißmoleküls, die durch Wasserstoffbrücken (H-Bindungen) stabilisiert wird. Die wichtigste Form ist die *Schrauben- oder Helix-Struktur*, bei der die Kettenmoleküle ähnlich einer Spiralfeder Windungen bilden, so daß ein langgestreckter Hohlzylinder entsteht (s. Kapitel: „Nucleinsäuren", Abb. 8). Das helicale Molekül ist kein einheitliches Gebilde, denn in den Spiralwindungen kommen Knicke, Faltungen, Verbiegungen und Verschlingungen vor, die man als *Tertiärstrukturen* zusammenfaßt. Diese Strukturen ergeben sich, wenn die Seitenketten der AS-Stränge bei geeigneter Lage miteinander reagieren. Die Aufklärung der Tertiärstrukturen der Proteine erfolgt mit Hilfe der *Röntgenstrukturanalyse*, bei der von kristallinen Eiweißstoffen Beugebilder ausgewertet werden. Das Muskelprotein *Myoglobin* war das erste Protein, von dem alle Einzelheiten des räumlichen Aufbaus durch Anwendung von Röntgenstrahlen bekannt wurden. Eine weitere Strukturmöglichkeit, die *Quartärstruktur*, ergibt sich daraus, daß einzelne Polypeptidketten der Proteine selbst den Charakter eines Eiweißstoffes haben und nach *Monod* fähig sind, sich als *Untereinheiten* (Protomere) am Aufbau von komplexen *Übereinheiten* (Über-Molekeln oder Oligomere) zu beteiligen.

Die Pathophysiologie des sehr komplexen Protein-Stoffwechsels wird zweckmäßig in die Abweichungen des Aminosäuren-Stoffwechsels (s. vorheriges Kapitel) und die Störungen des eigentlichen Protein-Stoffwechsel eingeteilt. In diesem Abschnitt sollen nicht die vor allem als Folgen einer Fehl- oder Mangelernährung (Protein-Kalorien-Mangelernährung; Aminosäurenmangel) auftretenden Zustände besprochen werden, sondern Störungen mit ihren Krankheitserscheinungen, die mit der Eiweißproduktion, mit dem Aufbau und Umbau der Eiweißstoffe im Organismus zusammenhängen.

4.2. Dysproteinosen und Paraproteinosen

Pathologische Veränderungen in der Zusammensetzung der Eiweißstoffe im Körper heißen allgemein Proteinosen (Pathoproteinosen), die in Dysproteinosen und Paraproteinosen eingeteilt werden. Unter *Dysproteinosen* versteht man *quantitative* Abweichungen der Eiweißproduktion vom Normalzustand, d. h. es liegt eine proportionale Verschiebung der normalen Eiweißanteile vor. Bei den *Paraproteinosen* handelt es sich um *qualitative* Abweichungen der Eiweißbildung im Sinne des Auftretens von anomalen oder unphysiologischen Eiweißstoffen.

Nach neuen biochemischen Erkenntnissen sind zahlreiche Proteine, die bisher als abnorm strukturiert gehalten wurden, als normal aufgebaute Eiweißstoffe erkannt worden. Dadurch ist die Einteilung der Proteinosen in Dysproteinosen und Paraproteinosen in Verwirrung geraten. Nachdem aber noch keine neue Disposition hierfür vorliegt, wird noch weiter dieser Einteilung gefolgt.
Es handelt sich vor allem um eine Gruppe der *Immunglobuline* (Gamma-Globulin-System), die als Teilmoleküle (Mikromoleküle; Mikroproteine) unter pathologischen Bedingungen von eiweißproduzierenden Zellen *vermehrt* abgegeben werden. Diese Mikromoleküle werden auch unter Normalbedingungen synthetisiert; es sind demnach physiologisch strukturierte Eiweißstoffe, die aber normalerweise zu großen Eiweißmolekülen (Makromolekülen) zusammengefügt werden. Unter krankhaften Verhältnissen werden die Mikromoleküle vermehrt an die interstitiellen Gewebsräume abgegeben. Auch im Blut treten dann die Mikromoleküle vermehrt auf und werden wegen ihres relativ geringen Molekulargewichtes (ca. 22 000 bis 50 000) durch die Nieren ausgeschieden (Proteinurie). Da es sich um das Auftreten von normal strukturierten Mikroproteinen handelt, liegen bei diesen Typen von Proteinosen *quantitativ* veränderte Abweichungen der Eiweißproduktion, d. h. *Dysproteinosen* vor (z. B. *Jones*-Proteine).
Für die normale Struktur der Immunglobuline und anderer Paraproteine spricht auch der Umstand, daß die Struktur der Proteine genetisch festgelegt ist und man bei diesen Proteinosen bis jetzt keine Mutationen der entsprechenden Gene nachweisen konnte. Von diesen *sekundären* Formen sind die angeborenen, idiopathischen oder *primären* Formen abzugrenzen.

Proteinosen führen auch zu Verschiebungen innerhalb der einzelnen Eiweißfraktionen des Blutes. Eine quantitative und qualitative normale Zusammensetzung der einzelnen, elektrophoretischen Eiweißanteile des Blutes heißt nach *Bennhold Euproteinämie*. Wenn irgendwelche Abweichungen vorliegen, dann bezeichnet man dies mit dem Sammelnamen *Pathoproteinämie*. Bei einer *Dysproteinämie* handelt es sich um *quantitative* Verschiebungen innerhalb der einzelnen Eiweißfraktionen des Blutes, während eine *Paraproteinämie* mit *qualitativen* Veränderungen im Eiweißblutbild, d. h. mit dem Auftreten anomaler Eiweißstoffe verbunden ist. Die Pathoproteinämien können mit einem normalen, erhöhten oder erniedrigten Gesamteiweißgehalt des Blutes einhergehen.

4.3. Spezielle klinische Störungen des Eiweiß-Stoffwechsels

Die Besprechung der wichtigsten klinischen Störungen des Eiweiß-Stoffwechsels erfolgt zweckmäßig derart:

1. *Jones-Proteine*
2. *Amyloid und Amyloidose*
3. *Dysproteinämien und Paraproteinämien*

4.3.1. *Jones-Proteine*
(Bence-Jones-Proteine)

Der englische Arzt Harry Bence *Jones* beschrieb 1848 zum erstenmal ein Protein, das bei intakten Nieren im Harn ausgeschieden wird. Die ursprüngliche Annahme, es handle sich um anomale oder unphysiologische Eiweißstoffe, wurde später widerlegt. Bei den *Jones*-Proteinen liegen *Mikroproteine* vor, die wegen ihres kleinen Molekulargewichtes (etwa 35 000) die Glomerulumkapillaren passieren und dadurch im Harn auftreten. Die Aminosäurensequenz dieser Proteine ist bekannt, es handelt sich um isolierte L-Ketten (Leichtketten; Leight-Ketten), also um Bruchstücke von auch normalerweise gebildeten Gamma-Globulinmolekülen. Unphysiologisch oder anomal an dem Zustand ist die vermehrte Abgabe dieser Mikroproteine von den eiweißproduzierenden Zellen.

Die *Jones*-Proteine haben ein charakteristisches *Löslichkeitsverhalten*: Im sauren Harn (pH 5–7) und beim Erwärmen auf ca. 50° C flocken die Eiweißstoffe aus und bei weiterer Erhitzung über 80° C lösen sie sich wieder auf. Dieser Vorgang spielt sich in umgekehrter Richtung ebenfalls bei Abkühlung ab.

Die krankhaft vermehrte Produktion von Mikroproteinen findet man bei Erkrankungen des Knochenmarks, vor allem beim Plasmocytom (Myelom; Kahler-Krankheit) und Ostenosarkom, seltener auch bei lymphatischer Leukämie. Das Auftreten dieser Mikroproteine, das keineswegs als spezifisch für diese Krankheiten zu werten ist, wird mit einer überschießenden Reaktion der eiweißproduzierenden Zellen auf Reizfaktoren in Zusammenhang gebracht.

4.3.2. Amyloid und Amyloidose

Amyloid. Unter bestimmten Voraussetzungen kommt es zu Ablagerungen eines Eiweißstoffes in Organen und Geweben, dem *Virchow* (1853) die Bezeichnung *Amyloid* gegeben hat. Wie der Name bereits andeutet, handelt es sich um einen Stoff mit stärkeähnlichen Eigenschaften. Später wurde er als zusammengesetztes bzw. gemischtes Protein (Amyloidprotein) erkannt, das man den Glycoproteiden zurechnet und *keinen* abnorm strukturierten Eiweißstoff darstellt. Außer dem Eiweißanteil, der wiederum den Globulinen nahesteht, enthält das Amyloid auch uronsäurehaltige *Mucoide* (Chondroitinsulfat, Hyaluronsäure, Chondroitin, Heparin) und *Saccharide*, die an die Mucoide gebunden sind. Die Mucoide selbst sind Bestandteile von Schleimstoffen des Organismus.

Elektronenoptisch ist das Amyloid ein fibrilläres Protein und *Gusek* hat es als ,,feinfibrilläres Skleroprotein" definiert. Die Gruppe der Skleroproteine bilden hauptsächlich Stütz- und Keratinstoffe.

Amyloidose. Die zu bestimmten Syndromen führenden Amyloidablagerungen in Organen und Geweben, vor allem in Milz, Leber, Niere, im Darm und Myokard, bezeichnet man als *Amyloidose.* Das Amyloid wird von histiocytären Zellen offenbar als krankhafte Antwort auf Reizfaktoren gebildet und vermehrt abgegeben. Andere Beobachtungen sprechen dafür, daß die amyloide Gewebsinfiltration der Ausdruck einer Störung im Immunglobulinsystem sei. Amyloidosen entstehen meist als Folge einer Grundkrankheit wie z. B. bei chronischen Infekten, langwierigen Eiterungen und Geschwülsten. Die Einteilung der verschiedenen Amyloidosen erfolgt nach Ursachen, nach Organmanifestationen und nach den Ablagerungsformen.

Einteilung der Amyloidosen

1. *Primäre oder idiopathische Amyloidose*
   Amyloidablagerungen in verschiedenen Organen und Geweben *ohne* nachweisbare Grundkrankheit (Atherosklerose?)

Folgeerscheinungen und Syndrome der Amyloidosen

Die Auswirkungen der Amyloidosen ergeben sich aus der
Schwere des Amyloidbefalls und der Organlokalisation, wie aus folgender Zusammenstellung hervorgeht:

Nieren: Proteinurie, nephrotisches Syndrom (Amyloide Nephrose), Niereninsuffizienz
Myokard: Ausfall eines umschriebenen Myokardbezir-
kes (Differentialdiagnose gegenüber echtem Myo-
kardinfarkt durch Koronarthrombose) therapieresi-
stente Herzmuskelinsuffizienz
Verdauungstrakt: Dysphagie, Ulcerationen, Obstruk-
tionen, Blutungen, Diarrhoe
Leber und Milz: auffallend geringe Funktionsstörun-
gen
Atmungsorgane: Respiratorische Insuffizienz bei Bron-
chial-Amyloid, solitäre Amyloidknoten im Bereich
der Respirationsorgane (auch an Stimmbändern?)
Peripheres Nervensystem: Sensible oder motorische
Ausfälle
Haut: Generalisierte oder lokalisierte Amyloidablagerungen im Hautorgan. Haupterscheinungsbilder: Li-
chen amyloidosus; sklerodermieartige Veränderungen und Blutungen. Einige Hauterkrankungen können zu sekundären Amyloidosen führen

Der *Nachweis* des Amyloidproteins im Harn erfolgt mit den
üblichen Eiweißreaktionen. Außerdem gibt das Amyloid als Glyco-
proteid eine positive Jodstärke-Reaktion. Zum speziellen Nachweis
einer Amyloidose dient die *Bennhold*-Probe: Nach intravenöser

Verabfolgung von Kongorotlösung verschwindet der Farbstoff ungewöhnlich rasch aus dem strömenden Blut, weil er vom Amyloidprotein aufgenommen wird.

Hierzu noch eine kulturhistorische Bemerkung: *Virchow* entdeckte, daß bestimmte entartete Gewebssubstanzen ähnliche Farbreaktionen zeigen wie Cellulose und Stärke (Amylum). Daher erhielten diese Substanzen, die man für celluloseähnlich hielt, den Namen *Amyloide*, und man sprach von einer *Verholzung* der Organe. Zu der Sorge, im Alter zu „verknöchern" und zu „verkalken" kam damals die neue Sorge, auch zu „verholzen". In diesem Zusammenhang wurde zu jener Zeit auch die Ansicht geäußert, daß die mythische Verwandlung der Daphne und anderer klassischer Personen in Bäume und Sträucher als natürlicher, wenn auch pathologisch-physiologischer Vorgang erklärt werden könne. Erst die chemische Untersuchung des Amyloids durch den berühmten Heidelberger und Bonner Chemiker *Kekulé* lieferte den Beweis, daß es sich bei dieser „Verholzungssubstanz" um einen *Eiweißstoff* handelt.

4.3.3. Dysproteinämien und Paraproteinämien

Die bei Proteinämien im Blutplasma pathologisch auftretenden Eiweißstoffe lassen sich nicht in allen Fällen streng in Dysproteinämien und Paraproteinämien abgrenzen. Die Frage, wie weit *anomale* Eiweißstoffe (Paraproteine) an den Veränderungen der Eiweißfraktionen beteiligt sind, konnte bisher nicht immer geklärt werden. Mit der üblichen Elektrophorese sind falsch strukturierte Paraproteine nicht nachzuweisen, sondern nur mit Hilfe der Ultrazentrifuge und der Immunelektrophorese, die auf der Anwendung der Elektrophorese in Verbindung mit immunologischen Reaktionen beruht.

Die auf neoplastischen Erkrankungen beruhenden Störungen des Protein-Stoffwechsels werden zu *sekundären Dysproteinämien* zusammengefaßt. Bei angeborenen, genetisch bedingten Defekten der Biosynthese einzelner Proteine spricht man von *primären Dysproteinämien*, die als *direkte* Folge der gestörten Proteinbiosynthese auftreten.

Hinsichtlich der Molekülgröße unterscheidet man zwei Arten von Paraproteinen:

a) Eiweißstoffe, die in ihrem Aufbau den normalen Immunglobulinen gleichen, also aus zwei *schweren* (H) und aus zwei *leichten* (L) Polypeptidketten, d. h. aus H- und L-Ketten bestehen.

b) Eiweißstoffe, die bestimmten Molekülteilen von Immunglobulinen entsprechen, nämlich L-Ketten (z. B. *Jones*-Protein) oder H-Ketten (z. B. bei *Franklin*-Erkrankung).

Pathologische Veränderungen innerhalb der einzelnen Eiweißfraktionen des Blutes kommen als führendes hämatologisches Symptom bei folgenden Krankheitsbildern vor:

> *Plasmocytom* (Medulläres Plasmocytom; multiples Myelom; Mikroproteinämie)
> *Makroglobulinämie* (*Waldenström*-Krankheit)
> *Franklin-Krankheit* (H-Ketten-Erkrankung; H-chain-Disease)
> *Kryoglobulinämie*
> *Agammaglobulinämie*
> *Analbuminämie*
> *Atransferrinämie*

4.3.3.1. Plasmocytom (Medulläres Plasmocytom; multiples Myelom; *Kahler*-Krankheit)

Dieser Erkrankung liegt eine *maligne Geschwulst von Plasmazellen des Knochenmarks* zugrunde, die mit einer hochgradigen Vermehrung der Knochenmarksplasmazellen verbunden ist.

Die Tumorzellen, die in großer Menge Mikroproteine abgeben, wuchern im Knochenmark und greifen auch das Skelettsystem an (Skelettaggressivität der Tumorzellen mit osteolytischer oder osteoporotischer Knochenerkrankung). In den befallenen Skeletteilen treten Schmerzen auf, die häufig als Lumbago oder Interkostalneuralgie gedeutet werden. Es liegt eine Neigung zu Spontanfrakturen vor und außerdem besteht eine Hypercalcämie.

Die Ausbreitung des neoplastischen Prozesses führt bei fortgeschrittener Krankheit zur Verdrängung des myelopoetischen Gewebes, so daß es zu einer *Anämie*, auch zu *Granulocytopenie* und *Thrombopenie* kommt. Typisch für die Erkrankung sind die *Veränderungen des Bluteiweißbildes*, das Auftreten einer *Hyperproteinämie* (8–10 g%, sogar bis zu 20 g% Plasmaeiweißgehalt), Veränderungen der Eiweißlabilitätsproben und eine beschleunigte Blutsenkungsgeschwindigkeit (über 50 mm in der 1. Stunde).

Die Folgeerscheinungen der Tumorzellen des Plasmocytoms sind gekennzeichnet durch
1. *Vermehrte Abgabe von Proteinen*; Auftreten einer Dysproteinämie und Hyperproteinämie

2. *Wucherung der Plasmazellen* im Knochenmark und
Verdrängung des myeloischen Gewebes; dadurch
Anämie, Granulocytopenie und Thrombopenie
3. *Schädigung des Knochensystems* durch Skelettaggressivität (fälschlicherweise als Lumbago oder Interkostalneuralgie gedeutet); Neigung zu Spontanfrakturen

Im Ellektrophoresediagramm des Serums findet sich entweder
eine maximale Vermehrung der γ- oder β-Globuline, während die
α-Globuline seltener vermehrt auftreten. Dementsprechend spricht
man auch von γ- oder β- bzw. α-Plasmocytomen. Die Albumine
sind entsprechend vermindert. Auf Grund der immunelektrischen
Trennung lassen sich weiterhin folgende Typen von Plasmocytomen unterscheiden: βG-, βA- und βU-Plasmoxytome. Es kommt
auch zur Bildung von L-Ketten, die im Harn als *Bence-Jones*-Pro-
teine ausgeschieden werden. Nur in seltenen Fällen werden Plasmazellen aus dem Knochenmark in großer Zahl in das periphere Blut
ausgeschwemmt, so daß eine *Plasmazellen-Leukämie* auftritt.

Bei etwa 80 % der Kranken kommt es zu *Albuminurie* und bei
etwa der Hälfte der Erkrankten zur Ausscheidung von *Jones-Pro-
teinen* im Harn. Die Elektrophorese der im Harn auftretenden Proteine (Uroproteine) ermöglicht eine weitgehende Differenzierung.
Die kombinierte elektrophoretische Untersuchung, sowohl der Se-
rum- als auch der Harnproteine führt fast immer zu einer sicheren
Diagnose. Das Ergebnis des Knochenmarkspunktates klärt natürlich
sofort das Krankheitsbild.

Eine häufige Komplikation der Plasmocytomkrankheit ist eine
Schädigung der Niere: *Plasmocytomniere*. Ganz selten gehen Plasmocytome von *extramedullären* Herden aus, die ihren Hauptsitz
in den Schleimhäuten der Luftwege und der Speiseröhre, manchmal auch des Magens und der Lunge haben. Plasmocytome können
auch isoliert vorkommen: *Solitäre Plasmocytome*.

4.3.3.2. Makroglobulinämie (*Waldenström*-Krankheit)

Die Makroglubulinämie ist eine gegenüber dem Plasmocytom
noch seltenere Erkrankung. Sie befällt ältere Menschen zwischen
60–70 Jahren, vorwiegend Männer. Der Erkrankung liegt ein *neo-
plastischer Prozeß* im Knochenmark zugrunde, bei dem nicht die
Plasmazellen wie beim Plasmocytom, sondern lymphoide Reticu-
lumzellen wuchern, die oft morphologisch von kleinen Lympho-
cyten (Lymphoidzellen) nicht zu unterscheiden sind. Die Abgren-

zung gegenüber einer chronischen Lymphadenose ist gelegentlich nicht möglich. Die Wucherung im Knochenmark und damit die Verdrängung des myelopoetischen Gewebes mit Anämie tritt stärker in Erscheinung als bei den Plasmocytomen. Es finden sich kleine Lymphknotenschwellungen, häufig auch eine Vergrößerung der Leber und Milz.

Die Tumorzellen produzieren vermehrt *Makroproteine*; hierdurch unterscheidet sich diese Erkrankung proteinchemisch von den Plasmocytomen. Die Makroproteine, deren Molekulargewicht über 1 Million beträgt, werden an das periphere Blut abgegeben, so daß eine enorme Vermehrung von Makroglubulinen im Serum, d. h. wie der Name der Erkrankung aussagt eine *Makroglubulinämie* gefunden wird.

Die Immunelektrophorese zeigt eine starke Vermehrung der γ-M-Globuline. Wie beim Plasmocytom ist der Gesamteiweißgehalt des Plasmas meist vermehrt (Hyperproteinämie) und die Blutkörperchensenkungsgeschwindigkeit stark beschleunigt. Die *Viskosität* des Plasmas ist durch den Makroglubulingehalt stark erhöht. Da die Makroglubuline anscheinend hemmend in den Blutgerinnungsvorgang einwirken, kommt es zuweilen zu einer *hämorrhagischen Diathese* (Retina-Blutungen; Gingiva- und Magen-Darmblutungen). Manche Erkrankungen an Makroglubulinämie zeigen den *Sjögren-Symptomenkomplex* mit Trockenheit der Schleimhäute der Nase, der Mundhöhle und des Auges. Auch Akrocyanosen können auftreten.

4.3.3.3. *Franklin*-Krankheit (H-Ketten-Protein-Erkrankungen; Heavy-chains-Disease)

Das erstmals von *Franklin* (1964) beschriebene Krankheitsbild unterscheidet sich proteinchemisch von den übrigen Dysproteinämien. Man findet eine übermäßige Produktion von H-Ketten-Proteinen („heavy chains") und eine maligne Proliferation von Zellen des reticuloendothelialen Systems. Das Blutbild zeigt eine Anämie, häufig eine Leukopenie und Thrombocytopenie. Die bis heute bekannten Fälle betreffen ausschließlich Männer. Die klinischen Symptome entsprechen denen eines malignen Lymphoms.

4.3.3.4. Kryoglobulinämie

Bei der *Kryoglobulinämie* treten krankhafte Globuline auf, die in der Kälte reversibel ausfallen. Der Eiweißstoff, es handelt sich um ein 7 S-Globulin, kann auch bei Plasmocytomen und bei der Makroglobulinämie vorkommen, sowie bei Erkrankungen des lymphatischen Gewebes, chronischen Infekten und Kollagenosen. Manchmal treten gleichzeitig auch Kälteagglutinine auf.

4.3.3.5. Agammaglobulinämie

Die *Agammaglobulinämie* (A-γ-Globulin-Mangelkrankheit, Antikörpermangelsyndrom) ist die wichtigste Form der Mangel-Proteinämien. Sie kann angeboren oder erworben sein. Typisch für die Erkrankung ist der Ausfall der Elektrophorese, die eine starke Verminderung der γ-Globuline aufweist. Die α- und β-Globuline sind zeitweise erhöht, die Albumine meist normal. Da die Immun- und die sonstigen Antikörperstoffe an das Vorhandensein von A-γ-Globulinen gebunden sind, verlaufen diese Abwehrreaktionen negativ. Dies ist die Ursache der Resistenzlosigkeit gegenüber Infekten. Neben der idiopathischen Agammaglobulinämie gibt es auch sekundäre, symptomatische Formen, die bei Erkrankungen des lymphoreticulären Gewebes (Plasmocytom, Makroglobulinämie, Lymphadenose) sowie bei *Cushing*'scher Krankheit, Diabetes mellitus, Nephrose, Perniciöser Anämie und Amyloidose auftreten.

4.3.3.6. Analbuminämie

Bei diesem Krankheitsbild handelt es sich um eine bisher nur in Einzelfällen beobachtete *Defektproteinämie*, bei der die elektrophoretische Untersuchung ein völliges Fehlen der Albumine im Serum ergibt.

4.3.3.7. Atransferrinämie

Die sehr seltene Atransferrinämie ist gekennzeichnet durch eine extreme Verminderung des eisenbindenden *Transferrins*. Klinisch steht eine hochgradige hypochrome Anämie mit ihren Folgeerscheinungen im Vordergrund. Wahrscheinlich spielen bei dieser Erkrankung auch hereditäre Faktoren mit. Es gibt auch erworbene Formen, bei denen die Fähigkeit zur Bildung des Transferrins, d. h. des eisenbindenden Globulins durch andere Krankheiten (maligne Tumoren) verloren gegangen ist.

5. Fragen-Sammlung

Die Antworten zu den Fragen finden sich im Textteil auf den angegebenen Seiten.

1. Was sind Nucleoproteide und Nucleinsäuren? S. 1
2. Wo kommen Nucleinsäuren im Organismus vor? S. 1
3. Welche drei verschiedenen Bausteine besitzt ein Mononucleotid? S. 1
4. Was sind Nucleoside und Nucleotide? S. 1
5. Welche stickstoffhaltigen Basen kommen in den Nucleinsäuren vor? S. 3
6. Welche Zucker sind am Aufbau der Nucleinsäuren beteiligt? S. 4
7. Was versteht man unter Basenpaarung? S. 5
8. Was ist Adenosin-mono, -di- und -triphosphat? S. 5
9. Welches ist die wichtigste Muttersubstanz der Pyrimidinnucleotide? S. 3 (Abb. 3)
10. Was versteht man unter Ketten- und Raumstruktur der Nucleinsäuren? S. 6
11. Welche Typen von Nucleinsäuren sind bekannt? S. 8
12. Welche grundlegenden Funktionen haben die bekannten Nucleinsäuren? S. 8
13. Welche spezielle Funktion wird der Messenger-Ribonucleinsäure (m-RNA) zugeschrieben? S. 11
14. Was sind Ribosomen? S. 12
15. Was versteht man unter einem Polysom? S. 12
16. Worin besteht das Prinzip der Reduplikation? S. 9
17. Wie wird die genetische Information weitergegeben? S. 11
18. Was versteht man unter Translation? S. 11
19. Was hat die Transfer-Ribonucleinsäure (t-RNA) für eine Aufgabe? S. 12
20. In welchen Phasen erfolgt die Biosynthese von Protein? S. 14
21. Was ist über Hemmstoffe (Inhibitoren) der Nucleinsäuren- und Protein-Biosynthese bekannt? S. 14
22. Gibt es Störungen in der Weitergabe der genetischen Information? S. 15
23. Was sind Mutationen? S. 15
24. Was versteht man unter Molekularkrankheiten? S. 16
25. Was sind Viren? S. 16
26. Wie erfolgt der Abbau der Nucleinsäuren? S. 18
27. Welcher Stoff ist beim Menschen das Endprodukt des Purinabbaus? S. 18
28. Zu welchem Stoff wird bei den meisten Säugetieren die Harnsäure weiter oxidativ abgebaut? S. 19
29. Was versteht man unter Harnsäure-Pool? S. 21
30. Was ist eine Hyperurikämie? S. 21
31. Welches ist die oberste normale Grenze des Serumharnsäurewertes beim Mann, bei der Frau und beim Kind? S. 21

32. Was versteht man unter endogener und exogener Harnsäuremenge?
    S. 22
33. Welche Störungen liegen der primären Gicht zugrunde? S. 25
34. Welche klinische Stadien unterscheidet man bei der Gichterkrankung?
    S. 28
35. Welches sind die klinischen Leitsymptome der primären Gicht? S. 26
36. Welche exogenen Faktoren spielen als auslösende Ursache eines Gicht-
    anfalls eine Rolle? S. 27
37. Welches sind die Grundlagen einer Ernährungsbehandlung bei Gicht?
    S. 29
38. Darf ein Gichtiker alkoholische Getränke zu sich nehmen? S. 30
39. Wie steht es mit Kaffee, Tee und Kakao beim Gichtiker? S. 30
40. Was sind Urikosurika? S. 30
41. Wie ist der Mechanismus der Allopurinolwirkung? S. 31
42. Senkt Colchicin den Harnsäurespiegel?.S. 33
43. Was ist eine sekundäre oder symptomatische Gicht? S. 34
44. Was versteht man unter Pseudogicht? S. 33
45. Welche Ursachen liegen einer sekundären Gicht und einer sekundären
    (symptomatischen) Hyperurikämie zugrunde? S. 33
46. Welche Störung liegt bei dem Lesh-Nyhan-Syndrom vor? S. 34
47. Was ist eine Hypourikämie? S. 36
48. Wodurch wird die Xanthinurie verursacht? S. 36
49. Welche Art von Störung liegt bei der Orotacidurie vor? S. 37
50. Welches sind die Hauptfunktionen der Aminosäuren im Stoffwechsel?
    S. 37
51. Was sind Hyperaminoacidurien? S. 38
52. Welches sind die Leitsymptome der Hyperaminoacidurien? S. 38
53. Welche Abbaustörung liegt bei der Phenylketonurie vor? S. 41
54. Was gibt es für biochemische Nachweismethoden der Phenylketonurie?
    S. 43
55. Welcher Enzymdefekt verursacht die Alkaptonurie? S. 44
56. Welche Trias von Leitsymptomen tritt bei der Alkaptonurie auf? S. 45
57. Wo liegt der Enzymblock bei der Tyrosinose? S. 47
58. Wie kommt biochemisch der Albinismus zustande? S. 48
59. Auf welchem biochemischen Weg bilden sich Melanine? S. 49
60. Was ist Dopa? S. 48
61. Bei welchen Erkrankungen spielt ein Dopamangel eine Rolle? S. 50
62. Inwiefern haben Tyrosin und Dopa eine Schlüsselstellung im Stoffwech-
    sel? S. 50
63. Wie kommt es biochemisch zur Bildung von Nor-Adrenalin und Adre-
    nalin? S. 50
64. Aus welcher Aminosäure können sich biochemisch Schilddrüsenhor-
    mone bilden? S. 50
65. Was gibt es für Arten von Störungen im Abbau der schwefelhaltigen
    Aminosäuren? S. 52
66. Welche Störungen liegen der Hartnup-Krankheit zugrunde? S. 54
67. Was für einen Enzymdefekt findet man bei der Ahorn-Sirup-Krankheit?
    S. 54

68. Welche Stoffwechselstörungen treten im Ornithinzyklus (Harnstoff-zyklus) auf? S. 55
69. Bei welchen Krankheiten findet man Störungen des Kreatin-Stoffwechsels? S. 61
70. Was versteht man unter Primär-, Sekundär-, Tertiär- und Quartärstruktur der Eiweißstoffe? S. 64
71. Was sind Dysproteinosen und Paraproteinosen? S. 65
72. Was für eine Art von Proteinen liegt bei den Bence-Jones-Proteinen vor? S. 66
73. Was versteht man unter Amyloid und Amyloidose? S. 67
74. Was sind primäre und sekundäre Amyloidosen? S. 67
75. Welche Störung liegt dem Plasmocytom zugrunde? S. 70
76. Was für Proteine produzieren die Tumorzellen bei der Waldenström-Krankheit? S. 71
77. Was versteht man unter H-Ketten-Proteinen, die bei der Franklin-Krankheit auftreten? S. 70
78. Bei welcher Krankheit treten krankhafte Globuline auf? S. 72
79. Welches ist die wichtigste Form der Mangel-Proteinämien? S. 73
80. Was liegt bei der Atransferrinämie vor? S. 73

Literatur

1. *Begemann, H., H.-G. Harwerth*, Praktische Hämatologie. (Stuttgart 1977).
2. *Bock, H.-E.*, Pathophysiologie (Lehrbuch). (Stuttgart 1972).
3. *Buddecke, E.*, Grundriß der Biochemie (Lehrbuch). (Berlin 1974).
4. *Bühlmann, A. A., F. R. Froesch*, Pathophysiologie (Lehrbuch). (Berlin—Heidelberg—New York 1972).
5. *Davenport, H. W.*, Physiologie der Verdauung (Stuttgart—New York 1970).
6. *Domagk, G. F., K. Kramer, J. Eisenburg*, Ernährung, Verdauung, Intermediärer Stoffwechsel (München—Berlin—Wien 1970).
7. *Fischbach, E.*, Störungen des Kohlenhydrat-Stoffwechsels (Darmstadt 1977).
8. *Ganong, W. F.*, Medizinische Physiologie (Lehrbuch) (Berlin—Heidelberg—New York 1974).
9. *Gross, R., G. Jahn und P. Schölmerich*, Lehrbuch der Inneren Medizin (Stuttgart—New York 1972).
10. *Grosse-Brockhoff, F.*, Pathologische Physiologie (Lehrbuch) (Berlin—Heidelberg—New York 1971).
11. *Heilmeyer, L.*, Lehrbuch der speziellen pathologischen Physiologie (Stuttgart 1968).
12. *Holtmeier, H. J.*, Allgemeine und spezielle klinische Ernährungslehre (Stuttgart 1977).
13. *Holtmeier, H. J.*, Handbuch der Ernährungslehre und Diätetik, Bd. II/2, Klinische Ernährungslehre (Stuttgart 1976).
14. *Karlson, P.*, Kurzes Lehrbuch der Biochemie (Stuttgart 1976).
15. *Lang, K.*, Biochemie der Ernährung 3. Aufl. (Darmstadt 1972).
16. *Lang, K.*, Wasser—Mineralstoffe—Spurenelemente (Darmstadt 1975).
17. *Leuthardt, F.*, Lehrbuch der Physiol. Chemie (Berlin 1968).
18. *Mehnert, H., H. Förster*, Stoffwechselkrankheiten (Biochemie und Klinik) (Stuttgart 1972).
19. *Rein, H., M. Schneider*, Physiologie des Menschen (Lehrbuch). Hrsg. von *R. F. Schmidt, D. Thews* (Berlin—Heidelberg—New York 1977).
20. *Schettler, G.*, Innere Medizin (Lehrbuch) (Stuttgart 1976).
21. *Schreier, K.*, Die angeborenen Stoffwechselanomalien (Stuttgart 1974).
22. *Siegenthaler, W.*, Klinische Pathophysiologie (Lehrbuch) (Stuttgart 1970).
23. *Thannhauser*, Lehrbuch des Stoffwechsels und der Stoffwechselkrankheiten. Hrsg. von *N. Zöllner* (Stuttgart 1962).
24. *Zöllner, N.*, Moderne Gichtprobleme. Ergebn. Inn. Med. Kinderheilk. 14 321, (1960).

Sachverzeichnis

ACTH (adrenocorticotropes Hormon; Corticotropin) 49
1-Adamantan-aminohydrochlorid 18
Addisonismus 49
Addisonsche Krankheit u. Hyperpigmentierung 49
Adenin 3
Adenosin 4
Adenosinphosphat 4
Adenosintriphosphat (ATP) 5
Adenylsäure (Tab. 1) 4
Adrenalin 49; 50
– Formel 51
Ahorn-Sirup-Krankheit (Leucinose) 54
Ahorn-Sirup-Urin-Krankheit 55
Albinismus 48
– Enzymblock (Schema) 50
Alkapton 45
Alkaptonurie 44
Allantoin 19; 23
Allopurinol 31
– Wirkung 31
– Formel 32
Altersamyloidose 68
Aminosäuren 37
– aktivierte 13
– physiol. Funktionen 37
Aminosäurenmangel 64
Aminosäuren-Stoffwechsel, Störungen 37
– – – Einteilung 40
– – – (Tab.) Zusammenstellung 58
Aminosäuren-Transport, Störungen 53
Amyloid 67
Amyloidosen 67
– Cardiopathie 68
– Einteilung 67

– Folgeerscheinungen 68
– hereditäre 68
– Polyneuropathie 68
– primäre (idiopathische) 67
– sekundäre (erworbene) 68
– Syndrome 68
Amyloidnephrose 68
Amyloidprotein 67
Antibiotika als Hemmstoffe 14
Antihypertonika 27, 33
Anturano 36
Arginase 56
Arginin 56; 58
– Formel 57
Arginin-Bernsteinsäure 56
– – Aufspaltung 56
– – Blockierung 56
Arginin-Bernsteinsäure-Krankheit 56
Arthritis alkaptonurica 45
– ochronotica 45
Arthritis urica 26
AS = Aminosäure, Aminosäuren 37
Asparagin 56
Asparaginsäure 56
– Formel 57
Azaserin 14

Bakterienfresser 17
Bakteriophagen 17
Basenpaare 5
Basenpaarung 5
Bence-Jones-Proteine 66
Bence-Jones-Proteinurie 68
Benemid 31; 36
Bennhold-Probe 68
Benzbromaron 31; 36
Benzothiadiazide 33; 34
Blockierung der Harnsäurebildung 31
– – – (Abb.) 32

Boten-RNA 8; 11
Butazolidin 33

Cadaverin 53
Capsid 16
Carbamylphosphat 55
Chirarga 27
Chlorothiazide 34
Chondrocalcinosis articularis 33
Chromatophorenhormon 49
Citrullin 56
- Formel 57
Citrullinsynthese-Störungen 56
Citrullinurie 56
Clearance-Methode 61
Coffein 30
Colchicin 32
Corticoide 36
Corticotropin (ACTH) 49
Cystathionin 53
Cystathioninurie 53
Cystein 54
Cystin 52
Cystingries 53
Cystin-Lysin-Arginin-Urie 59
Cystinose 53
Cystinspeicherkrankheit 53
Cystinsteine 53
Cystinurie 52
Cytidin (Tab. 1) 4
Cytidinphosphat (Tab. 1) 4
Cytidylsäure (Tab. 1) 4
Cytosin 3

Decarboxylasehemmer 72
Decarboxylase-Inhibitor 72
Democolcin 32
Desoxyribonucleinsäuren 8
6-Diazo-5-oxo-norleucin (DON) 14
p-Hydroxy-henylmilchsäure 48
DNA-Polymerase 9
Dopa 48; 49; 50
- Formel 51
Dopachinon 48; 50
- Schema 50
Dopamangel 50
Dopamin 50
Dysproteinämien 69

Dysproteine 65
Dysproteinosen 65
- primäre 65
- sekundäre 65

Einteilungen:
  Leitsymptome der Hyperamino-
    acidurien (Tab. 3) 40
  Leitsymptome der primären
    Gicht 26
  Nucleinsäuren 8
  Proteinosen 65
  Störungen des Aminosäuren-
    Stoffwechsels 58
  Störungen des Eiweiß-Stoff-
    wechsels 66
  Störungen des Purin- u. Harn-
    säure-Stoffwechsels 20
Eisenberglösung 31
Eisenchlorid-Test 43
Eisenchlorid-Windeltest 43
Endogene Harnsäure 19
Enterale Resorptionsstörung 54
Enzymblock (Schema) 43
Enzymdefekte (Enzymopathien) 40
- im Aminosäuren-Stoff-
    wechsel 41
- Phenylketonurie 41
- Zusammenstellung 58
Enzymhemmung, medikamen-
    töse 31
Enzymverhalten bei Muskeldystro-
    phien 61
Esidrix 33
Euproteinämie 66
Exogene Harnsäure 19

Fanconi-Syndrom mit Cystinurie 53
- und Hyperphosphaturie 53
- und Hypourikämie 36
Fehler in der Weitergabe d. geneti-
    schen Information 15
Ferrichlorid-Test 43
5-Fluor-uracil 14
Föllingsche Krankheit 41
Franklin-Krankheit 72

Genetische Information 8
- - Weitergabe 11

79

Gentisinsäure 46
- Formel 47
Gicht 23
- Ernährungsbehandlung 29
- juvenile 34
- klassische Stadien (Tab.) 28
- Gichtknoten (Tophi) 27
- kongenitale 34
- Leitsymptome 26
- medikamentöse Behandlung 30
- Niere 27
- primäre 23
- sekundäre 33
- Theorien 25
- Therapie 29
- u. andere Krankheiten
  (Abb. 18) 28
Gichtanfälle 26
Gichtarthritis 26
Gichterkrankung, Stadien (Tab.) 28
Gichtische Nephrolithiasis 27
Gichtniere 27
Gichtperlen 27
Glycin (Glykokoll) 61
Glykokoll (Glycin) 61
Guanin 3
Guanosin (Tab.) 4
Guanosinphosphat (Tab.) 4
Guanylsäure (Tab.) 4
Guthrie-Test 43

Harnsäure, endogene 19
- exogene 19
- Transportstörung 25
Harnsäureanfall, täglicher 22
Harnsäureausscheidung 19
Harnsäurebildung, Blockierung 31
Harnsäuregehalt im Serum 21
Harnsäuregicht 23
Harnsäure-Pool 21
Harnsäurespiegel 21
- erhöhter 21
- erniedrigter 36
- normaler 21
Harnsäure-Stoffwechsel, Störungen 20
Harnstoff 55
- Formel 55
Harnstoffbildung 55

Harnstoffcyclus (Abb.) 58
- Störungen 56
Hartnup-Krankheit 54
Hautamyloid 68
Hemmstoffe (Inhibitoren) 14
Herzinfarkt u. Hyperurikämie 34
Histidin 56
Histidin-Abbaustörungen 56
Histidinämie 56
H-Kettenproteine 69; 72
Homocystein 53
Homocystinurie 53
- Schema 54
Homogentisinsäure (HS) 45
- arthrotrope Wirkung 45
- Chemie u. Biochemie 45
- chemische Formel 47
Homogentisinsäureurie 45; 46
Hungerketoacidosis 30
Hydrochinonessigsäure (Formel) 47
p-Hydroxyphenylbrenztrauben-
  säure 46
- Formel 47
Hydroxyprolin 56
- Abbaustörungen 56
Hyperaminoacidurien 38
- primäre 39
- renale 40
- sekundäre 39
Hyperammonämie 56
Hyperphosphatrie 53
Hyperpigmentierung 49
- u. Melanome 49
- u. Schilddrüse 49
- u. Schwangerschaft 49
Hyperproteinämien 70
Hyperurikämien 21
- Diagnose 21
- Einteilung 20
- Formen 20
- kongenitale 34
- primäre 23
- sekundäre 33
- symptomatische 33
Hypophosphatasie 40
Hypourikämien 36
- kongenitale 34
- primäre 36
- sekundäre 36

– u. Übergewicht 29
Hypoxanthin, Formel 32
Hypoxanthin-Guanin-Phosphori-
  bosyl-Transferase (HG-PRT) 35

Identische Replikation (Redupli-
  kation) 9
Indikan 54
Indol 54
Indolessigsäure 54
Inosin-5-phosphat 3
Inosinsäure 32
Interferon 17
Isatinthio-semicarbazon 18
Isoleucin 55

Jod-Desoxyuridin 17
Jones Proteine 66
Juvenile Gicht 34

Ketoacidose 33
Kinine 35
Körperpigmente 48
Kongenitale Hyperurikämie 34
– Hypourikämie 36
Kreatin 60
– Formel 62
– Stoffwechsel 60.
Kreatinin 60
– als Clearance-Stoff 60
– endogenes 60
– exogenes 60
Kreatinkinase 61
Kreatinphosphat 61
– Formel 62
Kreatinphosphatkinase 61
– u. Myopathien 61
Kreatinstoffwechsel 60
– bei Muskeldystrophien 61
– Störungen 61
Kreatinurie 61
Kristallisationskrankheit 27
Kristallsynovitis 27
Kupferausscheidung im Harn 39

Lactacidose 33
Leicht-Ketten-Proteine 71
Leight-Ketten-Proteine 71
Leitsymptome bei Alkaptonurie 45

– bei Hyperaminoacidurien
  (Tab. 3) 40
– bei primärer Gicht 26
L-Kettenproteine 69; 71
Lesh-Nyhan-Syndrom 34
Leucin 55
Leucinose 54
Leukämien 34

Malabsorptionssyndrom bei Amino-
  säuren 53
– bei Cystinurie 53
– bei Hartnup-Krankheit 54
Matrizen-RNA 11
Medikamentöse Enzymhem-
  mung 31
Melanine 48
Melaninurie 49
Melanogene 49
Melanogenurie 49
Melanome u. Hyperpigmentie-
  rung 49
Melanotropin 49
6-Mercaptopurin 14
Messenger-Ribonucleinsäure
  (m-RNA) 11
Mikromolekulares Jones-Myelom 66
Molekularkrankheiten 16
Mononucleotide 1
Mucoide 37
Muskeldystrophien u. Enzymver-
  halten 61
– u. Kreatinstoffwechsel 61
Mutationen 15
Myelom 34
Myxödem u. AS-Stoffwechsel 56

Naevus pigmentosus 49
Nebennierenmarkhormone 49
Nephrolithiasis, gichtische 27
Nephropathie, amyloide 68
Noradrenalin 49
Normouriikämie 22
Nucleinsäuren, Chemie u. Bio-
  chemie 1
– Abbau 18
– Biosynthese 6
– Funktionen 8
– Hemmstoffe der Biosynthese 14

- Stoffwechsel-Störungen 15
Nucleinsäuren-Protein-Verbindungen 1
- Abbau 18
Nucleoproteide 1
- Abbau 18
Nucleoside 1
Nucleotide 1
- Formeln 2

Ochronose 45
Ochronosepigment 45
Oligonucleotide 18
Ornithin 56
- Formel 57
Ornithinzyklus 55
- Schema 58
- Störungen 55
Orotacidurie 37
Orotidyl-Pyrophosphorylase 37
Orotsäure 37
- Formel 37

Paraproteine 65
Paraproteinämien 65
Paraproteinosen 65
Parkinsonerkrankung u. Dopamangel 50
Pathoproteine 66
Pathoproteinosen 65
Phagen 17
Phenacetin 36
Phenistrix-Test 43
Phenolasen 48
Phenoloxidasen 48
Phenylalanin 41
- Abbau (Abb. 23) 43
- Formel 44
- Nachweismethoden 43
- Stoffwechsel 44
Phenylbrenztraubensäure 42
- Nachweis 43
Phenylbrenztraubensäure-Schwachsinn 41
Pheylbutazon 36
Phenylessigsäure 42
Phenylketonurie 41
- Schema 43
Phenylmilchsäure 42
Phosphagen 60

Phosphokreatin 60
Pigmentmangel 48
Plasmazellen-Leukämie 71
Plasmocytom 70
Plasmocytome, solitäre 71
Plasmocytomniere 71
Podagra 27
Polycythämia vera 34
Poly-IC 18
Polynucleoside 1
Polynucleotide 1
Polysom 12
Prednison 33
Probenecid 31
Prolinabbaustörungen 56
Proteinämien 69
Protein-Biosynthese 14
Proteinosen 65
Proteinurie 65
Pseudogicht 33
Purin 3
- Abkömmlinge (Tab.) 4
- Biosynthese 3
Purin-nucleoside 1
Purin-nucleotide 1
Purin-Stoffe 3
Purin-Stoffwechsel, allgemeines 20
- Störungen 20
Purinverbindungen, Abbau 18
Putrescin 53
Pyrimidin 3
- Abkömmlinge (Tab.) 4
- Formel 37
- Stoffwechselstörung 37

Renale Gichttheorie 25
Renale Hyperaminoacidurien 40
Replikation (Reduplikation) 9
- identische 9
- semikonservative 9
Repressor-Gen 45
Ribonucleasen 18
Ribonucleinsäuren (RNA) 8
Ribose 5
Ribose-1-phosphat 18
Ribosomale Ribonucleinsäure (r-RNA) 14
Ribosomen 12
- Definition 12
RNA (Ribonucleinsäuren) 8

82

RNA-Polymerase 12
Rodiuran 33

Säuglinge u. Kreatinausscheidungen 60
Salicylate 22
Saluretika 22
Schilddrüse u. Hyperpigmentierung 44
Schizophrene Krankheitsbilder 56
– – u. AS-Stoffwechsel 56
Schlüsselstellung von Tyrosin u. Dopa 49
– Schema 50
Schwangerschaft u. Hyperpigmentierung 49
Sedimentierungskonstante 14
Sekundäre Gicht 33
– – symptomatische 33
Semikonservative Replikation 9
Serotonin (Hydroxytryptamin) 42
Serumharnsäureerhöhung 21
Serumharnsäureerniedrigungen 36
Serumkreatinphosphokinase 61
Sichelzellenanämie 16
Sichelzellenhämoglobin (H_S) 16
Skleroproteine 67
Störungen des AS-Stoffwechsels 40
– – – Einteilung 40
– – Eiweiß-Stoffwechsels 66
– – Harnsäure-Stoffwechsels 20
– – Nucleinsäuren-Stoffwechsels 15
– – Purin-Stoffwechsels 20
Stoffwechselblockierungen 58
– im Abbau von Phenylalanin 41
– Zusammenstellung 58
Sulfinpyrazon 31
Synthetase 13

Tabakmosaikvirus 16
Theophyllin 36
Thymidin (Tab.) 4
Thymidinphosphat (Tab.) 4
Thymidylsäure (Tab.) 4
Thymin 3
Thyroxin 49
– Formel 51
Tophi (Gichtknoten) 27
Transfer-Ribonucleinsäure (t-RNA) 12

– Funktion 13
Transkriptase 12
Transkription 11
Translation 11
Trias der Alkaptonurie 45
Trijod-Thyronin 50
Tryptophan, Stoffwechselstörung 56
– Resorptionsstörung 54
Tubulopathie 25
Tumorantigen (T-Antigen) 18
Tyrosin, Stoffwechsel 47; 48; 50
– Formel 44
Tyrosinase 48
Tyrosinose 47
– Enzymblock 48

Überlauf-Hyperaminoacidurien 39
Überproduktionstheorie der Gicht 25
Umwandlung von Dopa in Dopamin (Schema) 50
Uracil 3
Uralyt-U 31
Urat-Oxidase 19
Uricase 19
Urica-quant-Farbtest 22
Uricovac 31
Uricolyse 19
Uridin (Tab.) 4
Uridin-phosphat (Tab.) 4
Uridyl-5-phosphat 37
Uridylsäure (Tab.) 4
Urikosurika 30
Uroproteine 71

Vergiftungen mit Phenol 49
Verholzung der Organe 69
Viren 16
Vitiligo 49

Wilsonsche Krankheit 36; 39

Xanthin 36
Xanthinoxidase 36
Xanthinoxidasehemmer 31
Xanthinsteine 36
Xanthinurie 36
– Enzymblock 37

Zystinose (Cystinose) 53

VERWANDTE LITERATUR

K. H. Bässler / K. Lang
Vitamine
Eine Einführung für Studierende der Medizin, Biologie, Chemie, Pharmazie
und Ernährungswissenschaft
VIII, 84 Seiten, 12 Abb., 28 Schemata, 18 Tab. DM 14,80
(UTB 507)

H. W. Berg / J. F. Diehl / H. Frank
Rückstände und Verunreinigungen in Lebensmitteln
Eine Einführung für Studierende der Medizin, Biologie, Chemie, Pharmazie
und Ernährungswissenschaft
X, 165 Seiten, 9 Abb., 19 Tab. DM 18,80
(UTB 675)

W. Ehrhardt et al.
Säure-Basen-Gleichgewicht des Menschen
Grundlagen, Bestimmung und Interpretation in Diagnostik und Therapie
X, 214 Seiten, 49 Abb., 20 Tab. DM 28, –
(stb 7)

E. Fischbach
Störungen des Kohlenhydratstoffwechsels
Ein Grundriß für Studierende und Ärzte
mit Studienfragen für Prüfung und Fortbildung
VIII, 98 Seiten, 10 Abb., 7 Tab. DM 15,80
(UTB 616)

U. Frotscher
Nephrologie
Eine Einführung für Studierende und Ärzte
XIV, 168 Seiten, 13 Abb., 9 Tab. DM 18,80
(UTB 788)

K. Lang
Wasser, Mineralstoffe, Spurenelemente
Eine Einführung für Studierende der Medizin, Biologie, Chemie, Pharmazie
und Ernährungswissenschaft
VIII, 138 Seiten, 11 Abb., 44 Tab. DM 14,80
(UTB 341)

J.-G. Rausch-Stroomann
Stoffwechselkrankheiten
Kurzgefaßte Labordiagnostik
XI, 127 Seiten, 4 Abb. DM 14,80
(UTB 195)

P. Wunderlich
Kinderärztliche Differentialdiagnostik
Ein Leitfaden für die rationelle Diagnostik am kranken Kinde
XII, 231 Seiten, 11 Abb., 19 Tab. DM 19,80
(UTB 678)

DR. DIETRICH STEINKOPFF VERLAG · DARMSTADT